作者在羊场指导
防疫保健工作

河北唐县某羊场

河北唐县某羊场

1

河北临城某羊场

河北临城某羊场

河北昌黎某羊场

内蒙古巴彦淖尔某羊场

内蒙古巴彦淖尔某羊场

甘肃民勤某羊场

甘肃民勤某羊场

甘肃民勤某羊场

肉羊防疫保健手册

主　编

马玉忠

副主编

张　勇　杨红梅　石　刚

编著者

（以姓氏笔画为序）

王　亨　贾敬亮　贾根生　陈有旺

李建基　李　楠　李鹏飞　刘　芳

刘晓坤　汲如芬　潘　青　耿绍辉

耿艳杰　杨　佳　金东航　鞠　雷

徐瑞涛　徐丽娜　杨　威　张文燕

金盾出版社

内 容 提 要

本书介绍了肉羊防疫保健理念，肉羊场的环境控制与应激防控，肉羊饲料与饲养管理，消毒和免疫技术，肉羊传染病与寄生虫病防控技术，肉羊营养代谢病与中毒病防控技术。本书内容丰富，实用先进，通俗易懂，系统性强，是广大养羊专业户、羊场兽医技术人员、基层兽医工作人员必备的参考书，同时亦可供农业大专院校相关专业师生阅读参考。

图书在版编目(CIP)数据

肉羊防疫保健手册/马玉忠主编 . —北京：金盾出版社，2016.1(2018.4 重印)

ISBN 978-7-5186-0292-6

Ⅰ.①肉…　Ⅱ.①马…　Ⅲ.①肉用羊—羊病—防疫—手册　Ⅳ.①S858.26-62

中国版本图书馆 CIP 数据核字(2015)第 096441 号

金盾出版社出版、总发行

北京市太平路 5 号(地铁万寿路站往南)
邮政编码：100036　电话：68214039　83219215
传真：68276683　网址：www.jdcbs.cn
北京军迪印刷有限责任公司印刷、装订
各地新华书店经销

开本：850×1168 1/32　印张：6.375　彩页：4　字数：152 千字
2018 年 4 月第 1 版第 2 次印刷
印数：5 001~8 000 册　定价：18.00 元

（凡购买金盾出版社的图书，如有缺页、
倒页、脱页者，本社发行部负责调换）

前　言

　　近年来，我国的养羊业呈现出蓬勃发展之势。伴随着养羊业的发展，对肉羊防疫保健知识的需求也日益增多。为此，我们编写了《肉羊防疫保健手册》一书。本书重点介绍了肉羊防疫保健理念，肉羊场的环境控制与应激防控，肉羊饲料与饲养管理，消毒和免疫技术，肉羊传染病和寄生虫病防控技术，肉羊营养代谢病和中毒病防控技术。

　　本书内容丰富，实用先进，通俗易懂，系统性与科学性强，理论联系实际，是广大养羊专业户、羊场兽医技术人员、基层兽医必备的工具书，同时也是大专院校动物医学、动物卫生检验等相关专业师生的重要参考书。

　　在本书编写过程中，笔者参阅了相关文献资料，听取了多位专家的意见，在此表示衷心的感谢。由于编者水平有限，书中疏漏之处在所难免，恳请各位专家和读者不吝赐教。

编著者

目 录

第一章　　肉羊的防疫保健理念

一、肉羊健康的意义及影响因素

（一）肉羊健康的意义

人类的生存与动物的生存关系密切。人类在很久以前就驯化了羊，而我国养羊已有五千多年的历史，积累了丰富的经验。起初我国的养羊都是以游牧为主，随着人类社会的进步渐渐地出现了圈养。羊的适应能力很强，可以适应寒冷、潮湿、炎热等恶劣的环境。羊为我们提供了肉、奶、毛、皮等生活必需品。特别是近些年来，人们的生活水平日益提高，在饮食方面要求肉蛋奶比例均衡，这就推动了我国肉羊养殖业的发展，同时也增加了农民的收入。人们对畜产品的质量要求越来越高，各项检疫制度也不断完善，对养殖业提出了更高的标准，所以肉羊的健康显得至关重要。

在养殖业中传染病时有发生，而且有很多都是人兽共患的传染病，这些疾病直接危害人类的健康。例如，羊的布鲁氏菌病感染人的情况时有发生，该病很难控制和消除，严重危害了养羊业的发展，所以保持种群的健康很重要。要树立"养重于防，防重于治"的观念。必须搞好饲养管理，提高畜群的抗病力；为动物创造适宜的环境，定期消毒、免疫，建立健康畜群，防止疾病的传播。

在养殖业中，投资者都想达到少投入大收益，若要得到大收益最重要的就是要保持畜群的健康。健康的畜群就可以减少药物的投入，没有药物残留问题，而且生长速度快，产品质量更高，生产周期也更短，从而大大地提高养殖效益。

（二）影响肉羊健康的因素

1. 圈舍建造不合理　圈舍是羊生产和生活的重要场所，与羊体的健康和生产性能有着密切的关系。若圈舍建造不合理，势必会降低养殖效益，甚至赔钱。

圈舍建造不合理的常见问题有：

（1）选址不合理　肉羊适宜生活在干燥、通风、凉爽的环境中。若将羊场场址选在低洼潮湿、排水不良、通风不畅的地方，这种潮热的环境势必对羊只健康和生产性能产生不利影响。有些羊场周围缺乏饲草饲料基地或饲草饲料来源，从其他地方运输饲草饲料，这大大提高了成本，降低了经济效益。有些羊场选址时忽略了防疫问题，将圈舍建到了疫区或环境污染严重的地方，导致疫病的暴发和蔓延。

（2）结构不合理　圈舍的结构有很多类型，如长方形羊舍、楼式羊舍、农膜暖棚式羊舍等。在建筑羊舍时，要根据当地的气候特点、饲养及经营方式等来确定羊舍类型。例如，在我国南方，潮湿多雨，适宜建造楼式羊舍；在我国北方高寒地区，冬季气候寒冷干燥，在建造羊舍时首先要考虑圈舍冬季保暖问题，最好建造塑料薄膜暖棚羊舍；在气温变化较温和的地区，则可建造开放式或半开放式羊舍，这样既能满足羊的生活需要，减少疫病的发生又可节约建筑投资。

（3）布局不合理　圈舍及运动场面积偏小，羊群拥挤，空气污浊，易导致传染病的发生、传播及异嗜癖，妊娠母羊由于挤撞而导致的机械性流产等现象；圈舍及运动场面积过大，则会造成土地的浪费和建筑成本的增加。圈舍窗户面积过小，采光和通风差，羊粪尿使地面潮湿泥泞，易发生腐蹄病；圈舍窗户面积过大，则不利于冬季圈舍的保温。圈舍地面的建造应以便于清扫和羊舒适并重为原则。每只羊应有足够的饲槽长度，若不够则会导致争食，致使体弱、个体小的羊采食不足，造成羊群的发育不整齐，甚至出现羊只因争食而受伤或死亡，造成损失。

2. 日粮饲喂不科学　在肉羊饲养中，饲料投入的成本是很高的，保证饲料的利用率很关键。在饲喂时，最重要的就是要掌握饲喂量。饲料营养含量过多，羊群消化利用不了就会造成饲料浪费，增加成本；饲料营养含量过少，就会使羊群营养不足，影响增重。所以，合理的日粮配比非常重要。

（1）饲料种类不能满足肉羊需要　肉羊生长所需的营养是很丰富的，必须合理配合饲料。羊常用饲料主要包括植物性饲料、动物性饲料、矿物质饲料和特殊饲料四大类，其营养作用各不相同。植物性饲料是羊的基本饲料，根据饲料来源、维生素含量及水分的多少分为青绿多汁饲料、粗干饲料、精饲料。青绿多汁饲料的特点是维生素含量丰富、干物质少、有效能值低。粗干饲料的营养特点是粗纤维含量高，填充胃肠道，可使羊有饱腹感，但营养价值低，特别是蛋白质含量低。精饲料包括农作物籽实及其加工副产品，其中禾本科籽实富含淀粉，可用作能量饲料；豆科籽实富含蛋白质，可用作蛋白质补充饲料。动物性饲料蛋白质含量高，含必需氨基酸全面，是品质较好的蛋白质补充饲料。矿物质饲料则可用于补充肉羊饲料中钙、磷、钠、氯等的不足。特殊饲料是指维生素、抗生素、氨基酸等人工培养或化学合成的产品，这些饲料虽然在饲料中用量很小，但对调整肉羊机体代谢、提高饲料利用率具有十分重要的作用。

（2）饲料加工工艺差　作为羊的基本饲料的植物性饲料，有很多都是有秸秆的，直接饲喂适口性差，营养价值低，饲料利用率低。对饲料进行加工调制，可提高适口性、采食速度、采食量和消化率，是提高肉羊饲养效益的有效途径，所以必须改善饲料的加工工艺。例如，秸秆氨化可显著提高秸秆等粗饲料中的蛋白质含量，并且质地柔软、气味糊香、适口性好，可使家畜采食量和有机物消化率均提高 20% 以上。又如，秸秆青贮可有效地保存青绿饲料的营养成分，一般青饲料晒干后养分损失 30%～50%，而经青贮保存后仅损失 10% 左右，并且青贮饲料酸香可口、柔软多汁，可提高肉羊采食量和消化率。饲料的加工调制方法很多，养羊户应根据自己的实际情况对品质较差的饲料进行合理的加工调制。

（3）日粮配比不合理　肉羊每天的采食量是有限的，所需的营养也有限。日粮配比就是根据肉羊的营养需要，把每种饲料按照一个合理的比例进行配合，根据这个比例配合出来的饲料利用率高，各种营养都符合肉羊的生长需求，是最经济的日粮配合方法。其目的是维持肉羊正常的生命健康、生理活动及获得最佳的生产水平。目前我国存在的主要问题是日粮配比不科学，不能满足肉羊生长所需要的营养，造成生长缓慢甚至会发生一些营养性疾病。例如，一般日粮中精饲料比例在 45%，粗饲料的比例在 55%。如果精饲料不足会使育肥速度减慢；钙、磷比例失调容易引发结石症。不同日龄的肉羊对营养的需求是不同的，例如，对羔羊进行育肥，实际上包括羔羊生长和育肥两个过程：生长过程是肌肉和骨骼的生长过程，因此需要高蛋白质的日粮；育肥过程主要是脂肪的沉积过程，因此要求日粮中含有较高的能量水平。所以，育肥羔羊要求日粮必须是高蛋白质、高能量水平。对于成年羊育肥，由于主要是育肥过程，即脂肪沉积的过程，所以成年羊育肥的日粮以高能量和较低蛋白质水平为特征。所以，应该根据不同的发育阶段适时地调整饲料比例，有利于肉羊健康快速地生长。

3. 繁殖技术不过关　要得到更多的产品，就应该扩大畜群的规模，这就需要提高繁殖率。若繁殖技术不过关，羔羊繁殖效率低，就不能获得理想的经济效益。因此,掌握繁殖技术对养羊业很重要。肉羊繁殖技术不过关,在生产中主要表现为产羔间隔时间长,母羊配种受胎率低和羔羊成活率低。羊是短日照发情,一般都在秋季,一年只发情一次,只能在秋季配种,第二年才能产羔,间隔时间长达1年,若母羊当年未受孕,产羔间隔则延长为2年。由于产羔间隔时间长,育肥羔羊的繁殖成本提高,降低了肉羊的饲养效益。如果采用繁殖新技术,将母羊的产羔间隔缩短为8个月,则可使母羊年繁殖羔羊效率提高,而育肥羔羊的繁殖成本也会降低。同时,提高母羊受胎率和羔羊成活率也可以降低成本。

4. 肉羊育肥不合理　　肉羊的育肥就是要用最低的成本在最短的时间内增重更多。合理的育肥方式可以达到快速增重的效果,而不合理的方式则会减少增重,增加饲养成本。

(1)育肥方式要适宜　　不同地区自然条件相差较大,必须根据当地的实际,选择合适的育肥方式。在广大的平原地区,没有可供放牧的地区,但秸秆和农副产品很丰富,所以这些地区就更适合舍饲,这种育肥方式与放牧育肥比较,尽管饲料和圈舍资金投入相对较高,但可按市场需要进行规模化、工厂化生产肉羊,使房舍、设备和劳动力得到充分利用,生产效率高,从而也可获得很好的经济效益;在饲草丰富且品质优良的山区,就更适合放牧,可利用青草期牧草茂盛、营养丰富和羊增膘速度快的特点进行放牧育肥,将育肥所需饲料成本降为最低,是最经济的育肥方式;有些地区的饲草也很丰富,但是品质比较差,就比较适合采用放牧加舍饲的混合育肥方式。混合育肥较放牧育肥可缩短肉羊生产周期,增加肉羊出栏量和出肉量,较舍饲育肥可降低育肥成本,对于具有放牧条件和一定补饲条件的地区,混合育肥是生产羊肉的最佳育肥方式。选择适宜的育肥方式可以有效地提高肉羊的饲料利用率,使增重加快,降低成本。

(2)管理方式要合理　　在肉羊准备育肥之前,对圈舍要进行彻底地清扫，保持环境卫生，并进行全面的消毒，使羊群处于一个干净卫生的环境。要对羊群进行整体预防驱虫、注射免疫并编号，预防疾病的发生，也便于管理。另外，还要进行分群，将处在同一生理时期的羊放到一个群体中，其大小、生活习惯都比较一致，放到一起生长速度加快，可节约成本。按育肥肉羊年龄划分，肉羊育肥可分为羔羊早期育肥、羔羊断奶育肥和成年羊育肥，由于不同年龄育肥羊所需的营养需要量和增重指标的要求不同，因此必须进行科学的饲养管理。

5. 防疫制度不完善 在肉羊的养殖中，防疫制度是很重要的。传统养殖观念就是动物发病才进行治疗，对防疫的观念不是很重视。科学的防疫程序可以减少羊群发生疾病的机会，使羊群更健康、快速地生长。一直以来，危害养羊业的疾病主要包括传染病、寄生虫病和普通病三大类。

①传染病对羊群的危害较大，其是由细菌、病毒、支原体等病原微生物侵入羊体而引起的疾病，若不及时防治常引起死亡。具有传染性，可造成疾病的蔓延。近年来，我国相关部门、单位对羊的很多传染病做了深入地研究，并研制出了很多疫苗，对羊传染病的预防做出了很大贡献。但是，有很多养殖场并没有完善的免疫程序，导致传染病流行，造成严重的经济损失。

②寄生虫病在养羊业中也有一定的危害。寄生虫寄生于羊体，对羊的器官、组织造成机械性损伤，夺取营养或产生毒素，使羊消瘦、贫血、营养不良，最终导致生产性能下降甚至死亡。羊的寄生虫种类有很多，传播途径多样，具有侵袭性，也可使多数羊发病，从而造成重大的经济损失。所以，定期驱虫是很有必要的，另外还要保持环境的卫生，防止寄生虫的滋生。

③羊的普通病种类有很多，一般是零星发病，并不会引起大的流行。多数是由于饲养管理不当、营养代谢失调、误食毒物、机械损伤、异物刺激或其他外界因素影响所致。有些疾病若不及

时治疗也会引起死亡，如肉羊误食有毒或霉变的饲料会引起大批发病，造成严重的经济损失。对此应科学饲养管理，消除各种致病因素。

6. 肉羊品种选择不合适 虽然所有的羊都可以生产羊肉，但不同品种的羊产肉的效率相差很大，而且饲养管理方式也存在差异。若饲养管理不科学，影响羊的生长速度和抗病力，进而影响羊的健康，最终造成经济损失，所以说品种的选择对羊群的健康也很重要。

二、肉羊的防疫保健

（一）防疫保健的概念

1. 概念 防疫就是防止、控制和消灭传染病的总称，分经常性和疫后两种，包括疫苗免疫、检疫、普查和管理传染病、传染途径和易感羊群。

保健是保护健康，亦指为了保护和增进羊群的健康、防治羊的疾病所采取的综合性措施。

2. 防疫保健的必要性

（1）减少疾病发生 在养殖业中危害最大的就是传染病了，传染病的流行会给养殖业带来巨大的经济损失。目前，新的传染病不断出现，旧的传染病也不断发生变异，严重威胁着养殖业的安全，只有搞好防疫和保健工作，才能减少和防止疾病的发生。

通过注射疫苗、药物预防、驱虫、消毒、加强饲养管理等手段，改善了羊群体质，增强了羊群的抗病力，减少了疾病暴发的可能，也减少了发生疾病时的投入，节约了成本，而且增重快，降低了药物残留，增加了收益。

（2）提高产品品质 随着人们生活水平的提高，对食品的营养要求越来越高。因为羊肉营养丰富，富含人体所必需的各种氨基酸、矿物质等，所以羊肉的需求量不断增加，羊肉的价格一直居高不下，甚至还在攀升，所以肉羊的发展前景很广阔。同时，人们对食品安全的要求也越来越高。这就需要养殖场加强对羊群的防疫和保健，减少传染病和寄生虫病的发生，减少药物残留，提高肉品品质，使人们放心食用，促进羊肉生产的发展。

我国加入世界贸易组织后，与世界的经济往来更加密切，但是我国许多产业与发达国家相比还是有很多差距，遭遇贸易壁垒，产品出口受阻。在养殖业上也是一样，由于防疫和保健体制不是很完善，生产出的羊肉有很多不符合国际标准。特别是药物残留问题，由于防疫不到位，养殖场的疾病时有发生，频繁用药物治疗，就会出现药物残留。此外，有些传染病在发达国家已经彻底消灭、净化，而我国仍旧存在。针对上述问题，只有加强防疫，净化畜群，使产品达到国际标准，才能拓宽市场，增加收入。

（3）有利于实现集约化、产业化生产　我国的养殖业一直都是以个体散养为主，少则几只、几十只，多则几百只，不能形成规模，也就不能统一管理，状况参差不齐，生产水平比较落后。近年来，国内不断借鉴国外的经验实行集约化养殖，推动了养羊业的发展。但是，在集约化养殖中防疫工作特别重要，若防疫不到位，就很可能暴发传染病或寄生虫病，如果不能及时控制将会带来很大的经济损失，也会使养殖户对集约化养殖失去信心，不利于肉羊产业水平的提高。

（4）有利于饲养方式的转变　以往我国牧区采取的主要饲养方式是放牧，几乎不使用精饲料进行育肥。这种饲养方式适合过去我国粮食紧缺的时候采用，生产成本低廉，投入少，其缺点是对我国的草地资源造成了很大的破坏。因此，必须改变这样的饲养方式，实行舍饲或半舍饲，这时圈舍的卫生消毒就很重要了，否则羊群长期处在不干净清洁的环境下，就会引发疾病。

（二）防疫保健的基本原则

近年来，我国的养殖业不断发展，养殖规模在不断地扩大，但是各种疾病的威胁也在不断地增加。一个规模化的养殖场，想要杜绝一切传染病的发生是不可能的。但是，采取一系列的防疫保健措施，可减少发病数量或减轻发病程度。对于羊病的防治，应该做到"防重于治"，规模化养殖场想要增加经济效益就要加快繁殖，减少死亡。繁殖的速度快，规模才会扩大；死亡的少，规模才能保持。

防疫保健的基本原则如下：

第一，树立正确的防疫观念，严格贯彻执行《中华人民共和国防疫法》和国务院颁布的《家畜家禽防疫条例》等法律、法规。在选择与修建羊场时应考虑防疫的要求，对所选的地点进行必要的生态学及流行病学的调查分析；羊场的选址、羊舍的布局、羊场生产操作、废弃物的处理都应贯彻防疫的理念。我国南北气候差异很大，例如：南方大部分地区为潮湿闷热的气候，在选择羊舍的场址时就应该选择通风良好，地下水位低，远离工厂、矿山、医院、屠宰场、兽药农药厂、居民居住地的地方。羊舍应坐北朝南，东西走向。羊场建设时应该一并考虑防疫设施，如消毒通道、化粪池、粪渣处理厂、隔离观察室、尸解及埋尸场所等。

第二，羊只要从非疫区引进，并应该了解对要引进羊群的疫情及防疫情况，引进的羊只要进行严格的隔离检疫，检疫通过后才能混入畜群，防止携带疾病入场。

第三，制定周密的防疫计划，落实防疫措施。养殖户应该根据本地的疫情情况，结合本地其他家畜疫病流行情况制定并严格实施检疫、疫苗免疫、驱虫、消毒等计划，对疫病进行有效控制。

（三）防疫保健的基本措施

1. 加强饲养管理

（1）增强防疫、消毒意识　我国养殖业的规模虽然很大，但是防疫意识普遍还不强，缺少周密的防疫计划，夏天和秋天每周至少要消毒2次，冬天和春天每周至少消毒1次，而且要消毒彻底。大多数的养殖场消毒就是什么时候想到了才去消毒，有些养殖量小的养殖户甚至很少消毒。羊是群居动物，长期在同一个环境中又不经常消毒，会引起疾病的传播。不光是羊舍，人在进入羊舍时也应该进行消毒，防止人体携带有害物进入。还有圈舍的卫生，羊喜欢干净的环境，所以应该定期打扫圈舍卫生。若是圈舍太脏，会影响羊的采食、饮水、睡眠等，进而影响羊的健康。

（2）适时编号、分群　给羊编号，便于识别羊，也有利于做记录。在羔羊断奶或鉴定后进行永久编号，并且对羊进行分群。分群按照羊的品种、年龄、性别的差异来分。不同品种的肉羊生活习性有一定的差异，对饲料的种类、数量都有不同的标准。不同年龄的肉羊采食量和营养需要是完全不同的，幼龄时瘤胃的功能比较薄弱，所以饲料或饲草都应该是容易消化的，这个时期羊身体的各个系统发育得较快，特别是骨骼系统，骨骼的发育需要的钙含量比较高，而且钙磷比例要适宜，饲料中就应该增加钙的比例，必须将其与成年羊群分开饲养，才有利于健康增重。根据性别分群，是因为成年后公羊的体格会比较大，母羊的体格相对较小，公羊的采食量就会比较大，还会和母羊发生抢食，甚至发生争斗，引起伤亡，因此必须分群。

（3）及时进行补饲　每年夏、秋季节，青绿饲草充足，且鲜嫩多汁，适口性好，育肥羊很爱吃。养殖户必须注意，除了让羊吃足青绿饲草外，还应注意补饲部分干草。因为育肥的成年肉羊每天必须采食2～3千克干草，才能达到育肥增重的标准，而只采食鲜草一般很难达到这个标准。原因主要有两个方面：一是天气炎热潮湿，羊采食量减少；二是青绿鲜草多汁，含水量在 90% 左右，即使羊吃饱了，因青鲜草水分大，也不能达到干物质的数量标准。这样就满足不了生长发育和增膘对营养物质的需要，从而影响育肥效果。因此，在此期间育肥的羊只应适当加喂些优质的干草和精饲料，补饲干草还可防止羊因吃青草多引起的腹泻，对其育肥有利。

随着羔羊日龄的增加，其所需要的营养不断增加，如果都从母羊身上获取会影响母羊的健康，所以必须对羔羊进行补饲。羔羊在断奶前进行补饲主要有如下几点好处：

第一，加快羔羊的生长发育速度，为日后提高育肥效果打好基础，缩短育肥期限。

第二，有利双羔或多羔羊的生长。一般双羔羊或多羔羊生长体重小，体质也比较弱，母羊供给的奶量是一定的，提前补饲有助于双羔羊或多羔羊的生长发育。

第三，减少羔羊对母羊索奶的频率，使母羊有足够的时间采食、休息，从而使泌乳高峰保持较长时间，也有利于保持母羊的健康。

第四，促进羔羊消化系统发育，锻炼采食能力，使羔羊断奶后迅速适应新的饲养管理方式。

当冬季来临时，牧草的营养价值会下降，放牧的采食量就会不足，所以必须进行补饲。特别是对幼龄羊、妊娠和泌乳期的母羊补饲尤为重要。越冬期补饲的目的是使肉羊在寒冷季节里增重、生长发育，同时提高羔羊成活率，从而增加养羊的经济效益。

幼龄羊补饲：当到达秋天后，各种天然牧草都枯萎时，应注意补饲青干草；当到达冬季后，天气寒冷，为了维持体温对能量的消耗增加，应适当补饲精饲料。对当年春羔在越冬时应该特别注意补饲，使其顺利渡过这一难关，并在冬春季节里仍能继续生长发育。

母羊补饲：主要是重点放在母羊的妊娠后期和哺乳期。在有饲料条件的情况下，在母羊配种前的 15～20 天对其进行短期优饲，补饲的品种有麸皮、煮熟黄豆、浸泡豆粕等。

（4）种公羊配种期间的管理　在养殖场中，种公羊的健康与否是很关键的，这关系到种群是否能尽快地扩增。所以，在种公羊配种之前的 1 个月以及整个配种期间都要进行舍饲方式的培养，使种公羊性欲增强，精子活力提高。要做好配种期的饲养管理，就要做到以下三点：

第一，增加营养，提高性欲。为了提高种公羊的性欲，增加精子的活力和射精量，必须补喂饲料。应该多喂一些富含维生素、蛋白质、矿物质的精饲料。无论缺少哪一种都会影响精子的形成，甚至出现畸形精子。每天都要给种公羊补喂新鲜玉米、高粱、麸皮等混合精饲料，每只每天 1～2 千克。在保证以上三种营养供应充足的情况下，还要每天给其增加鸡蛋、骨粉和少量食盐。

第二，加强对种公羊的护理，经常运动。种公羊每天都要有适当的运动，每天运动 2 个小时，而且圈舍的面积要足够大，这样就可以使种公羊有足够的空间去运动。如果长时间不运动就会导致精子活力减弱、死精等不良现象的发生，所以种公羊要有专人护理，喂料、饮水、补饲都要定时定量。

第三，正确使用，促进优肥优育。种公羊在配种期间一定要合理使用，注意采精次数，一般体质强壮的种公羊每天可采精 4～5 次，但是每次采精后都要有一定的间隔时间，要做到优肥优育，提高繁殖成活率。如采精无度，势必要造成种公羊体力衰弱而被淘汰。

（5）坚持自繁自养　自繁自养可以提高肉羊的品质和生产性能，在自己进行繁殖时，可以随时注意羊群的品质。当种羊生产性能下降时，应该及时对其进行调整或者进行淘汰，选择优良的作为种用，这样再产下的羔羊体质就比较好，抗病力也强，成活率增加，而且也可以避免买来的羔羊参差不齐,有的还有疾病,生长速度慢,经济效益也差。羊场或养羊专业户应选养健康的良种公羊和母羊,自繁自养,尽可能做到不从场外引种,尽量做到全进全出,这不仅可大大减少入场检疫的工作量,而且可有效地避免因新羊引入而带进新的传染源,防止疾病的发生。如果养殖场内确实需要扩大规模,或者要进行品种改良需要引进种羊时,则必须进行严格检疫,杜绝疫病的传播蔓延。引进羊只能从非疫区购入,经当地兽医检疫部门检疫,并签发检疫合格证明书。运抵目的地后,再经本地兽医验证、检疫并隔离观察1个月以上,确认为健康者,经药浴、驱虫、消毒,对尚未接种疫苗的羊只必须补注,然后方可与原有羊群合并。羊场采用的饲料和用具,最好从安全地区购入,并在应用前进行清洗、消毒,以防疫病传入。

(6)减少疾病的发生　由于肉羊本身的生理特点及环境条件、传统饲养方式存在的缺陷,导致羊群会出现一些常发病,如前胃弛缓、瘤胃积食、瘤胃酸中毒、胎衣不下、子宫内膜炎、代谢性疾病等,都可影响羊的生长速度。虽然这些疾病不会在羊群之间相互传播,但这些疾病的时有发生也会影响整体的生产性能,特别是子宫疾病,在养殖业中,要尽快地扩大群体就要搞好繁殖,如果有子宫疾病的发生会延长母羊的繁殖周期,增加饲养成本,严重时还会影响产奶量及奶的质量,进而使羔羊不能获得充足的营养,影响其生长,抵抗力也会随之降低,最终影响育肥,减少增重。因此,应注意加强饲养管理,保持羊舍羊体干净卫生,定期消毒,防疫驱虫,防暑保温,提高肉羊健康水平,减少疾病。

(7)适时配种　在肉羊的养殖中,掌握好配种时间,缩短肉羊的养殖周期是十分重要的。适时配种可以提高产仔率,缩短繁殖周期,从而提高经济效益。生产中应该注意以下几点:

第一,判断羊是否发情。羊在第一次出现发情的年龄即为初情期,通常称为性成熟,此时第二性征已经出现,可以形成生殖细胞，可以受精、妊娠、产生后代，也就是具备了繁衍后代的能力。但此时羊的身体功能特别是生殖器官并没有发育完全，体重也没有达到成年羊的标准，为成年体重的 40%～60%，此时配种不仅不利于羊的发育，而且还会对以后的繁殖能力造成不利的影响。母羊的性成熟年龄一般为 6～8 个月，公羊的性成熟在 4～7 个月。从性成熟到体成熟还需要一定的时间，不同品种体成熟的时间也是不同的，早熟的品种在 8～10 个月，晚熟的品种在 12～15 个月。在选择配种时间时，要根据品种的不同以及体重来确定。

第二，确定排卵期。羊是季节性发情动物，为短日照发情，即在夏季和秋季发情，以秋季发情旺盛。当达到性成熟后，就会出现周期性的发情表现，这一时期整个机体和生殖器官所发生的复杂性生理过程，也就是发情周期。羊的发情周期在 17～21 天，母羊发情持续期 2 天左右，但个体间差异较大。初次发情时间较短，随着年龄的增加而增加，但年龄太大的母羊时间会缩短，范围为 8～60 小时。肉羊排卵时间大多是在发情后期，90% 的青年羊在发情开始后 30 小时左右排卵。75%～85% 的经产母羊在发情开始后 40 小时左右排卵。成熟的卵在输卵管中存活的时间为 4～8 小时。公羊的精子在母羊的生殖道内受精作用最旺盛的时间为 24 小时左右。为了使精子和卵子得到充分结合的机会，最好在排卵前数小时内交配，但是实际上很难做到，因此在第一次交配后的 5～10小时后再交配 1 次。由于发情周期在 20 天左右，如果 1 个月内不再发情，也没有其他患病表现时，说明已受胎，受胎羊除极个别外不再发情。

第三，选择合适的配种方法。肉羊的配种方法目前有 3 种，即自然交配、人工辅助交配和人工授精。

自然交配：也称本交，在配种季节，公、母羊按 1∶20 的比例，将公羊放入母羊群，混群饲养或放牧，自由交配。这种方法简单省事，受胎率较高，适于分散的小群体。其缺点是公羊消耗大，后代血统不明，易造成近交，无法确定预产期。可在非配种季节分开饲养公、母羊，每到配种季节有计划地调换公羊，可以克服上述缺点。

人工辅助交配：使发情母羊有计划地与公羊交配。这种方法有利于提高公羊利用率，合理地选种选配，并能确知预产期。为确保受胎，也可重复交配或双重交配，即在一个情期用2次配种或2个公羊同时配种。

人工授精：即人为地借助采精工具或徒手将公羊精液采出，经品质检查、活力测定、稀释等处理过程，再输到母羊的子宫里，达到母羊受胎的目的。

在实际生产中，如果饲养规模比较小，可以采取自然交配和人工辅助交配。在大规模养殖时，最适合使用人工受精，这种方法可以保证种群的品质，不会出现近交，而且也可以保证受胎率。

（8）及时淘汰低产种羊　种羊的选择是十分严格也是十分重要的。一些生殖系统患有疾病经过治疗没有痊愈，或不能治愈的种羊，其繁殖性能会有很明显的降低，不但不会创造应有的经济价值，还会提高饲养成本。还有一些患有慢性疾病和屡配不孕又查不清原因的种羊，都应及时淘汰，以减少投入。

（9）坚持肉羊的饲养标准　有些养殖户养羊数量少，建设标准羊舍投入相对高，从而简化了青贮步骤，维生素、矿物质添加量都不够，使得青贮饲料的营养不能达到肉羊的生长需要，随之就会产生因为各种营养成分缺乏而引起的疾病，体质下降，增重速度减缓，严重者甚至会造成畸形，如维生素D的长期大量缺乏会影响钙的吸收，造成体内钙、磷比例不适宜，引起骨发育不良，发生佝偻病。所以，不能因羊数量少而降低饲养标准，要因地制宜地创造规范化饲养条件，无论饲养量大小，都要力求精养，以提高经济效益。

2. 搞好环境卫生　环境是各种致病菌入侵的第一道门户，所以必须搞好环境卫生。羊舍的环境卫生好坏与疫病的发生有着密切的关系，环境污秽有利于病原体的滋生和疫病的传播。保持环境卫生主要注意以下几点：

（1）羊舍建设合理

①羊舍地址的选择　要求地势高燥、避风向阳、地下水位低、无积水或有流水通过的地方。山区或丘陵可以建在靠山向阳处。羊舍的南面要有宽阔的运动场，每只羊不要少于2米²。羊舍要远离公路、铁路、村庄200～300米。羊舍所在地要有水源，且水质良好，有供电条件。不能让肉羊饮用池塘或洼地的死水。有利于防疫，距离交通要道、集市有一定的距离。选择有天然屏障的地方建栏舍最好。

②羊舍的类型　根据墙壁封闭的严密程度，羊舍可分为封闭式、开放式、半开放式和棚舍4种类型。封闭式四周墙壁完整，保温性能好，适合较寒冷的地区采用。半开放式三面有墙。开放式三面无墙，保温性能差，但是采光性能好，适于温暖地区。棚舍只有屋顶，没有墙壁，可防止太阳辐射，适合于炎热地区。在北方地区冬季采用塑料暖棚羊舍是很有必要的，塑料暖棚羊舍内的温度除了少数时间较低外，大部分时间都可满足羊的生长发育需要，从而可降低能量消耗，提高饲料转化利用率，同时可降低成年羊的死亡率，提高羔羊的成活率，提高母羊配冬羔的比例，当年羔羊除了补充羊群外，其余的都可育肥出栏。这种方法既简便，投入又不高，而且灵活性很大，可以根据环境和季节的改变而进行改造，值得推广。

③羊舍的设计要求　尽量满足肉羊对各种环境卫生条件的要求，包括温度、湿度、空气质量、光照、地面硬度及导热性等。羊舍的设计应兼顾既有利于夏季防暑，又有利于冬季防寒；既有利于保持地面干燥，又有利于保证地面柔软和保暖。对于羊舍温度，冬季产羔温度最低应在8℃以上，一般羊舍在10℃以上；夏季温

度最好不要高于30℃。湿度不能太大，要尽量保持干燥，空气相对湿度在50%～80%为好。保持羊舍的通风换气，目的是降温及排出圈舍内的污浊空气，保持空气的新鲜，防止疾病的传播。

（2）保持肉羊的饲料卫生和饲喂安全　饲料的卫生与安全在很大程度上决定着动物性食品卫生的安全性，这不仅对养殖业的经济效益有着十分重要的影响，而且与人类健康密切相关。因此，饲料产品是否卫生安全，是确保动物源性食品安全的首要条件，是保护人民健康的首要任务。

①饲料卫生的影响因素

A. 含有毒物质和抗营养因子：有些天然饲料里含有一定量的有毒物质和抗营养因子。如棉籽饼粕含有的棉酚、菜籽饼粕含有的芥子苷、亚麻籽饼粕含有的氰苷、山黧豆含有的变异氨基酸、鱼粉含有的肌胃糜烂素等有毒物质、青菜和青嫩牧草含有的草酸、麸皮含有的植酸、大豆及其饼粕含有的胰蛋白酶抑制因子等抗营养因子。在配合饲料时，如果含固有毒物和抗营养因子的原料比例过大，或者饲喂的时间过长，就可能引起中毒；或降低饲料的消化吸收利用率和营养价值；或破坏动物体内的正常代谢，从而降低畜产品的产量和品质，甚至有的还发生残留而影响消费者的健康。

B. 农药残留：农药可通过水、土壤和空气而进入动植物体中。肉羊饲料的大部分取自于植物，所以农药残留可以通过饲料积累在羊体内，乳汁中农药残留量尤其高。粗饲料如纤维素类饲料，能量饲料如糠麸类饲料和谷实类饲料以及块根、块茎、瓜类、青绿饲料和蛋白质饲料均可能含有农药残留。肉羊长期采食这些饲料后，农药就会在体内蓄积，达到一定程度后会影响其生产性能，甚至引发死亡。同时，由于人们对饲料营养认识的片面性，以及部分饲料企业为迎合消费者，在配方中超量添加铜和砷制剂等，对土壤和水源造成污染。饲料中氮、磷利用不完全，通过动物排泄、蓄积，同样会造成环境污染。如果畜禽粪便用作肥料，有毒、有害物质又会通过农作物导致食品污染。滥用饲料添加剂造成养殖产品中药物和重金属残留严重超标，最终危害消费者的身体健康。

C. 重金属污染：重金属一般是通过"工业三废"污染和生物富集作用而进入饲料中。被畜禽食用后，危害动物。由于重金属几乎不能被动物体排出体外，而最终蓄积在动物骨骼中，从而对人类造成危害。

②保证饲喂安全的措施　饲喂时避免肉羊拥挤和争食，尤其要防止弱小的羊吃不到饲料。一般每天饲喂2次，每次投料量以吃净为好。饲料一旦出现霉变或变质时则停止饲喂。饲料变换时，粗饲料变换应新旧搭配，在3～5天换完；粗饲料换成精饲料应以精饲料先少后多、逐渐增加的方法，在10天左右换完。羊爱清洁，故饮水要干净卫生。每只羊每天的饮水量随气温变化而变化，气温高时饮水量多一些，气温低时饮水量少一些。夏季要防晒，冬季要防冻，雪水或冰水应禁止饮用。

A. 不饲喂霉烂变质的饲料：饲料应该贮存在干燥、通风的地方，并定期进行检查，既可以防止饲料发霉，又可以减少因饲料发霉而废弃后的浪费。另外，饲喂前更要仔细检查，及时清除草料中的霉烂变质物，受污染的草料应弃之不用，发现有发霉饲料后，在同一个地点储存的饲料也要及时进行处理，以免造成更大的浪费。

B. 饲料的调制、搭配和贮藏要合理：有些植物饲料本身含有有毒物质，饲喂时必须进行脱毒处理。不同的饲料中含有的有毒物质不同，生存条件也就不同，所以进行脱毒处理时的方法也就不同。棉籽饼含有游离棉籽油酚，具有毒性作用，但经高温处理后毒性就降低，经处理后的棉籽饼按适当比例同其他饲料混合搭配就不会发生中毒。大豆或大豆粉拌料时，亦需经过加热降毒处理。还有些饲料如马铃薯若贮藏不当，其中的有毒物质龙葵素会大大增加，对羊有害，因此应贮存在避光的地方，防止变青发芽，饲喂也要同其他饲料按一定比例搭配。

C. 农药与化肥必须妥善保存：农药和化肥要与饲料分开存放，并且最好要有明确的标识或将其专门存放在一个仓库，由专人负责保管，以免误用引起中毒，对其他有毒药物，如灭鼠药也要妥善保管，防止中毒事故的发生。

D. 防止水源性毒物：羊群饮用水一定要清洁卫生，最好采用地下井水，对喷洒过农药和施有化肥的农田排放的水，不应作饮用水，被工业废水、废料污染的水，池塘、水坝中的死水，也不应让羊饮用。

E. 饲料中微量元素的控制

铅：控制原料中铅的含量，特别是高铅地区的饲料或含铅量高的饲料，是减少配合饲料中铅含量的有效方法。

砷：严格控制砷含量可能较高原料的用量，根据砷与其他元素的作用，减少氧化砷形成的砷，阻碍砷的吸收，加快排泄过程。

硒：在饲料中添加抗坏血酸以及高蛋白可促进硒在动物体内的代谢。

氟：对于高氟含量的饲料，应根据其含氟量的程度，限制磷酸盐、骨粉在日粮中的比例。

（3）粪便和污水的处理　在建设羊舍时，要合理地安排排尿沟、粪水池等，使粪尿及时排除出，防止污染圈舍。圈舍要定期进行清理，垫料及时更换，垫料长期不更换就会被粪尿污染，引起病原微生物和寄生虫的寄生，危害羊群。粪便的消毒可以采用生物热消毒法，就是在离羊舍约100米以外的地方把粪便堆积起来，上面覆盖约10厘米厚的细湿土，发酵1个月后即可。污水应引入污水处理池，加入漂白粉或生石灰进行消毒，消毒药用量视污水量而定，一般每升污水用2～5克漂白粉。

（4）加强杀虫和灭鼠　这是预防肉羊疫病的重要措施之一。

夏秋季节是蚊蝇大量繁殖的季节，也是各种传染病暴发和传播的主要季节，再加上环境卫生恶劣，疾病就会不断发生，危害养羊业。所以，应该搞好羊舍的环境卫生，清除羊舍附近的垃圾、污水和乱草堆，这些地方常是昆虫和老鼠藏匿的场所。

①消灭蚊蝇的方法

A. 保证卫生：保持羊舍良好的通风，经常清除粪尿、积水，更换垫料，使蚊蝇没有机会繁殖，数量就会减少。

B. 使用杀虫药：用除虫菊酯类等杀虫药，每月在栏舍内外和蚊蝇容易滋生的场所喷洒2次。

C. 使用黑光灯：黑光灯是一种专门用来灭蝇的电光灯，装于特殊金属盒中，灯光为紫色，苍蝇有趋向这种光的特性，向黑光灯飞扑，当苍蝇触到带有正、负电极的金属网即被电击而死。

②防鼠灭鼠的方法　用铁丝网将栏舍和饲料库的洞口、窗口等封住，使老鼠不能进入。用捕鼠夹捕杀，或使用氯敌鼠、杀鼠灵等杀鼠药进行灭鼠。

3. 做好消毒工作　羊场消毒的目的是消灭传染源散播于外界环境中的病原微生物，切断传播途径，阻止疫病蔓延。在平时应定期进行严格消毒。消毒药按照规定稀释，浓度过大时会对动物和用品造成损害，浓度太小又达不到消毒的目的，不能杀死环境中的病原微生物。对隔离场及可能被污染的一切场所和用具用品进行定期消毒和随时消毒。在病畜解除隔离、痊愈或死亡后，应对疫区内可能残留的病原体进行一次全面彻底的消毒。感染性疾病（传染病和寄生虫病）可通过检疫来了解传染源，从而限制传播或消灭传染源。通过免疫接种和预防性驱虫来提高羊的抵抗力。消毒是防疫中贯彻"预防为主"方针的一项重要措施，是预防和扑灭传染病的最重要措施。对规模养羊户来说，如果没有完善的消毒卫生制度，就不可能预防和阻止传染病的发生。发生传染病后，没有确实可靠的消毒措施就不可能控制、根除疫情。羊场应建立切实可行的消毒制度，定期对羊舍、地面土壤、粪便、污水、皮毛以及用具等进行消毒。

4.实施药物预防　在大群饲养时发生的疫病种类很多，其中有些病可用疫苗免疫，但还有不少病无疫苗可供利用；有些病虽然有疫苗，但实际应用还有问题，因此使用药物预防也是一项重要措施。密闭式饲养极易使传染病快速、大规模流行，通常以安全而价廉的药物加入饲料和饮水中，让羊群自行采食或饮用，从而起到预防作用。常用药物有磺胺类药物（如磺胺嘧啶、磺胺甲基嘧啶、磺胺二甲基嘧啶、磺胺脒、磺胺甲基异噁唑等）、抗生素类（如土霉素、四环素、制霉菌素、克霉唑等）等。预防拌料量磺胺类药物按 0.01%～0.02%，抗生素类按 0.01%～0.03% 的比例。但是，长期使用这些药物预防，细菌容易产生抗药性及药物残留，故要慎重使用，注意停药期。因此，要经常进行药敏试验，选择有高度敏感性的药物用于防治。

药物使用注意事项：

①当羊群发生疾病时，应该及时找兽医前来诊断治疗，不能盲目用药。如果用药不当，很可能会带来严重的经济损失。

②在用药时，一定要按照剂量供给，不足和超量对机体都是不利的。剂量过大易发生中毒，最终造成更大损失。剂量小了达不到疗效，还会使病原产生耐药性，对今后的防治极为不利。

③用药要考虑成本，根据疗效高、副作用小、安全价廉等原则选用。不能滥用抗生素，长期使用抗生素会使细菌产生耐药性，以后再用药时就会没有作用。

④药物之间的作用有协同和拮抗 2 种，有协同作用的药物联合使用，既降低使用剂量，又可提高治疗效果和减少耐药性的形成。有拮抗作用的药物不能同时使用。用药还应注意配伍禁忌和遵守停药期规定。

⑤有些药物的毒性会在动物体内不断地蓄积，而且代谢速度

很缓慢，所以这些药物应该减少使用，不得不使用时就应该间断性地使用。在屠宰之前要有一定的休药期，以免药物残留超标，人食用后造成危害。

5. 定期进行免疫接种　免疫接种是激发羊体产生特异性抵抗力，使易感羊群转化为不易感羊群的一种手段，是防治肉羊传染病的重要措施之一。防疫保健要侧重提高肉羊自身免疫功能和抗病能力，在集中育肥前期和注射疫苗前后，及时应用具有生物活性的黄芪多糖等免疫增效剂增强抵抗力，对抗病毒性疾病的侵袭。

在免疫中要注意以下几点：

①疫苗的选择。不同地域流行的疫病，其细菌、病毒类型不同，选用预防的疫苗类型也应不相同，因此要选择针对本地区流行疫病的疫苗，才能达到预防本地区流行传染病的目的。

②防疫时间的确定。应根据各种疫病的流行特点，确定每个时期疾病的发生情况以及时间，从而确定疫苗的免疫时间。

③免疫方法的选择。严格按照疫苗规定的免疫接种途径，选用恰当的免疫方法。

④接种疫苗前，必须检查羊的健康状况。注射疫苗的羊必须是健康的，而且近几天都没有异常状况。凡身体瘦弱、体温升高、临近分娩或分娩不久的母羊，以及患传染病的，一般都不要免疫，否则不但不会起到免疫效果，而且还会加重病情。

⑤疫苗在使用之前，要逐瓶检查。发现盛药的玻璃瓶破损、瓶塞松动、没有瓶签或瓶签不清，过期失效，制品的色泽和形状与制品说明书不符或没有按规定方法保存的，都不能使用。

⑥接种时，吸取疫苗的针头要固定，做到一支疫苗使用一个针管，不能重复使用，以免从带菌（毒）羊将病原体通过针头传给健康羊。疫苗的用法、用量按说明书进行，使用前充分摇匀，必须现用现配。

⑦疫苗必须按标准进行保存。油苗、死菌苗、类毒素、血清

及诊断液要保存在低温、干燥、阴暗的地方，温度保持在 2 ~ 8℃，防止冻结、高温和阳光直射。冻干弱毒疫苗最好在 -15℃ 或更低的温度下保存，才能更好地保持其效力。保存期限不得超过该制品所规定的有效保存期。

⑧在进行疫苗接种后，要对羊群进行严格的监测，当发现异常状况时应及时进行隔离治疗。

6. 定期驱虫　　寄生虫对羊群的危害不亚于传染病。其可影响羊群的生长，降低羊产品的数量与质量，甚至造成产品的废弃，同时有些寄生虫还传播传染病。个别种类寄生虫对人类也有极大的危害。

寄生丁羊体内的寄生虫称为休内寄生虫，寄生于羊体被的寄生虫称为体外寄生虫。体内的寄生虫经饲料、饮水或昆虫媒介，直接与间接接触，或胎盘垂直传染健康羊；而体外寄生虫多通过直接或间接的接触、昆虫与媒介感染健康羊。寄生虫首先是侵入羊体，接着完成移行，最后到达其特异性的寄生部位居住。用药物预防或治疗体内寄生虫的过程，称为驱虫；用药物预防或治疗体外寄生虫的过程，称为杀虫。

为了预防寄生虫病，应在发病季节到来之前，用药物给羊群进行预防性驱虫。预防性驱虫的时机，应根据寄生虫病季节动态调查结果来确定。驱虫多采用口服、注射的方式投药，杀虫多采用喷雾、喷撒、涂搽的用药方式。

预防性驱虫所用的药物种类很多，应根据寄生虫病的流行情况选择利用。用药时应注意下列几个方面：

①了解寄生虫的寄生方式、流行病学、季节动态、感染强度与范围，羊的身体功能状态和对药物的反应。

②驱虫药与杀虫药都有一定的毒性，使用时必须十分注意药物的剂量与疗程。在大范围内使用之前，必须选择整个羊群中的少数羊先做试验，以免发生中毒。

③寄生虫对药物有抗药性，因此应经常更换使用不同类型的

药物。

④选择驱虫药时，应首选高效、低毒、广谱、价格低廉、使用方便的药物。

7. 做好疫病监测　肉羊饲养场应积极配合当地畜牧兽医行政管理部门按照《中华人民共和国动物防疫法》及其配套法规的要求，结合当地实际情况，制定疫病监测方案。肉羊饲养场常规监测的疾病应包括：口蹄疫、羊痘、蓝舌病、炭疽、布鲁氏菌病。还应根据当地实际情况，选择其他必要的疫病进行监测。定期检疫，检疫的方式因不同的疾病而不同，如结核杆菌病、副结核杆菌病通常是用结核菌素，副结核菌素点眼或皮内注射的变态反应来进行，布氏杆菌病则采用血清凝集的方式检疫，线虫病则多通过虫卵检查来诊断，病毒性疾病则多通过高度专一的抗体抗原反应来确诊。

（1）加强巡视　饲养人员应随时留心观察羊群的状态，尤其要注意采食量、饮水量、粪便的异常；反刍、呼吸及步态的异常。羊场兽医每日定期深入羊舍观察羊采食、反刍情况，每日早、中、晚各1次。

（2）及时报告疫情　发现异常羊后，饲养人员应立即报告兽医人员，报告人要准确说明病羊的位置（几号舍几号圈）、羊号、发病情况；兽医人员接到报告后应立即对病羊进行诊断和治疗；在发现传染病和病情严重时，并提出相应的治疗方案或处理方案。

（3）及时隔离病羊　羊场应建立病羊隔离圈，其位置应在羊场主风向的下方，与健康羊圈有一定的距离或有墙隔离；病羊进入隔离圈后应有专人饲喂；严禁隔离圈的设备用具进入健康羊圈；饲养病羊的饲养员严禁进入健康羊圈；病羊的排泄物应经专门处理后再用作肥料；兽医进出隔离圈要及时消毒；病羊痊愈后经消毒方可进入健康羊圈；不能治愈而淘汰的病羊和病死羊尸体应合理处理，对于淘汰的病羊应及时送往指定的地点，在兽医监督下加工处理；死亡病羊、粪便和垫料等应送往指定地点销毁或深埋，然后彻底消毒。

（4）建立档案制度　建立健全病羊的病情报告档案记录。及时准确、真实的档案记录不但有助于饲养管理经验的总结和成本核算，而且是分析和解决羊群疾病防治问题的可靠依据。羊场内应包括与病羊病情有关的一切材料，如病羊羊号、圈位、发病时间、临床特征、诊断、治疗经过、处方等，还应包括预后、死亡原因、剖检变化及羊尸处理结果等。

8.病死羊及其产品的处理　因为传染病或不明原因死亡的羊尸体不得随意处理，严禁食用肉尸和内脏，未经处理的皮毛等物也不得利用。剖检前后，尸体均应消毒。剖检场地要进行消毒。剖检前搬运尸体时，除尸体体表喷洒消毒药外，其天然孔和伤口还应以浸有消毒药的棉花或纱布堵塞，以防排出物污染环境。总之，尸体处理，特别是死于传染病的尸体处理应特别慎重，严防疾病扩散和危害人和动物健康。病死羊尸体含有大量的病原体，只有及时经过无害化处理，才能防止疫病的传播和流行，严禁随意丢弃、出售或作为饲料，根据病症种类性质的不同，按《畜禽病害肉尸及其产品无公害化处理规程》的规定，采取适宜方法处理病羊的尸体。根据条件和疾病的性质，病羊尸体处理的方法有加工处理、掩埋、发酵或焚烧4种，各有其优点，在实际工作中应根据情况及条件加以选择。

（1）深坑掩埋　该方法操作简易、经济，是处理病死羊的常用方法。掩埋地点应远离学校、公共场所、居民住宅区、村庄、动物饲养和屠宰场、饮用水源地和河流等。坑的大小要根据病死羊的数量而定，必须是上小下大，深度至少在2米以上，并在坑底铺上2～5厘米厚的生石灰。然后将病死羊尸体放入坑内，堆积的死尸在距离坑口1.5米处时，先用40厘米厚的土层覆盖，再铺上2～5厘米厚的生石灰，最后填土夯实，并在地表喷洒消毒药。这种方法适用于地下水位低的地区，不适合地下水位高的地区，防止污染地下水。病死羊主要在生产区下风向的偏僻处进行深埋处理。

（2）焚烧法　是最安全、彻底的处理方法。包括生物焚化炉焚烧法、焚尸坑焚烧法和锅炉焚烧法。生物焚化炉的建造和运行成本较高，建议使用焚尸坑进行处理。选址应在远离公共场所、居民住宅区、村庄、动物饲养和屠宰场所、建筑物、易燃物品，地下不能有自来水管、燃气管道，周围要有足够的防火带，并且要位于主导风向的下方。挖掘好焚尸坑（长2米、宽1米、深0.8米）后，在坑里垫上旧轮胎或其他助燃物，再放置病死畜禽，在尸体上泼上柴油，然后用少量汽油引燃，保持火焰至尸体烧成黑炭为止，最后将其埋在坑里，表面撒布消毒剂。处理时要求焚烧完全，不能只焚烧表面或部分。病死羊数量少时，可通过锅炉炉膛进行焚烧处理。使用焚烧法处理必须注意防火安全，并且尽量减少燃烧产生的废弃物对居民的影响。

（3）加工处理　最常用的加工处理方法是化制，将病羊的尸体在指定的化制站加工处理，可以将其投入干化机化制，或将整个尸体投入湿化机化制。

（4）发酵法　是将病死羊的尸体及其饲料、粪便、垫料等投入指定的发酵池内，利用生物热将羊尸体发酵与分解，以达到无害化处理的目的。它的选址与掩埋法相同。发酵池为圆形，深9～10米，直径3米左右，池壁及池底用不透水的材料制作。池口高出地面约30米，并在池口处做一个盖子，盖上留一个小活动门，用以投入病死羊。为安全起见，活动门平时必须紧锁，用时才能开启。当池内的尸体堆到距坑口1.5米处时，封闭发酵。使用发酵法处理病死羊耗时较长，发酵时间在夏季不得少于2个月，冬季不少于3个月，肉羊场主要在生产区的下风向的偏僻处进行发酵处理。

第二章　　肉羊场的环境控制与应激防控

一、肉羊场的环境控制措施

（一）肉羊场安全选址及合理布局

肉羊场选址很重要，要综合考虑通风、遮阳、安静，以及水源方便、远离居民区等条件。目前很多养殖场就地取材，在房前屋后修建简易羊舍，通风、光照不良，地面潮湿，氨味很浓，导致羊群经常咳嗽，拐蹄等肢蹄病严重，生长速度减缓，给育肥造成很大障碍。

1. **羊舍建设基本要求**　羊舍所在地要求地势高燥、通风良好，选择山坡或平原为好，羊舍四周建有围墙以利于防疫和管理。羊舍之间种植一些绿色树木以遮阴。此外，羊舍的建设还要考虑以下几点。

第一，保证朝阳，面向南方，房脊最高处离地面2.5米左右，太高不利于保暖，太低不利于通风。羊舍背阴面距离地面1.5米以上、接近棚顶的地方开1～2扇可以随时开关的小窗，面积为0.3～0.5米×0.5～0.8米，主要作用是通风，排出潮气和有害气体。北方地区建舍时要求所有四面均为实体砖墙，朝阳一面留有几扇可开启的窗，窗的位置应略低于后墙的窗高度，靠运动场一侧留有低矮的圈门，便于羊出入，门高1.2～1.5米、宽1～1.2米为宜，便于保温和供羊出入；比较温暖的区域羊舍可以只建实体北墙，其余三面以丝网封闭，呈半开放式结构。舍内地面要略高于外面运动场，并且经硬化处理，便于随时清理和消毒。

第二，要考虑存栏量。羊舍内按育肥羊每只 1 ～ 1.8 米^2 建设（种公羊取最高值），圈舍内需要分群分栏，按每栏 100 ～ 200 只进行用围栏隔开，羊舍建筑面积越大，每栏羊只数相应要少一些。

第三，羊舍内要有通风系统。每个圈要设有风扇，位置靠近后墙，双排列的羊舍的要靠近中间过道，朝向前面窗子，便于快速排出舍内污浊气体。

第四，羊舍前面要有运动场。肉羊生性活泼好动，这就要求圈养应有一定面积的运动场地，否则，由于活动空间过小，羊群运动不足，不仅影响生长，而且还会带来一系列的疾病。为此圈养肉羊不仅要具备通风良好、保暖性强、舒适、干燥卫生的休息场所，还要在羊舍外修建面积大于羊舍面积 1 ～ 2 倍的运动场地，以便羊群活动和进行日光浴，保证羊群的健康生长，若养殖种羊需要按每只羊 3 ～ 4 米^2 建设。

2. **羊舍布局**　羊舍布局要合理。需要向阳建造，每栋羊舍建筑之间要有 8 ～ 10 米的距离，可建为运动场，便于通风和采光。这一点是最容易被忽略的地方。由于羊粪含有大量未消化的蛋白质，若圈舍潮湿，不见阳光，加上粪尿的混合，会释放出大量的氨气和硫化氢、二氧化硫气体，这些气体对呼吸道黏膜有很强烈的刺激性，会导致羊的支原体感染等很多呼吸道疾病，使生长速度受到极大影响。

3. **农区简易养殖棚的搭建**　需要注意天棚可以应用简易彩钢板，但需要高出羊舍地面最少 2.7 米以上，这样便于通风，避免阳光暴晒棚顶热量无法散出去。简易棚四周不用搭建围墙，若要搭建需要尽量低矮，以便于地面干燥和排除羊舍内有害气体。

4. **羊舍周边环境控制**　需要清除羊舍周边的杂草和低洼污水及各种垃圾，以避免蚊虫滋生，传播疾病和寄生虫。

5. **饮用水供应**　要有清洁的饮用水随时供应，避免缺水。同时，要有合理的污水排放无害化设计，因为羊粪尿对于当地饮用水源和地下水有极大的污染性。

（二）影响肉羊健康的环境要素及控制措施

1. 潮湿闷热和有害气体淤积不散　　肉羊养殖场由于饲养密度较大，养殖棚舍小环境通风不畅是肉羊养殖场面临的最大问题。据统计，肉羊阶段育肥影响生长速度的主要原因就是呼吸道疾病导致的精神沉郁、采食量下降。

肉羊习性耐寒，但对于高湿高热有很强烈的应激敏感性，南方品种对于高热耐受性略强。在炎热潮湿的环境下羊只易感染各种疾病，生长速度明显降低。肉羊集中育肥时饲养密度加大，个体散热量大，导致排汗增加，长期堆积的粪便被反复践踏，遇到积水或潮湿发酵产生湿热的污浊气体，大量氨气、二氧化硫、硫化氢等刺激性气体加重对呼吸道的刺激；若羊舍通风不畅、散热不良，很容易诱发呼吸道黏膜感染支原体、链球菌、巴氏杆菌等病原微生物，使羊群精神萎靡、采食量下降、消化功能受阻、生长发育受到影响。在养殖场中很多病原微生物诸如支原体、链球菌、巴氏杆菌、魏氏梭菌、大肠杆菌、坏死杆菌等都是常在菌，在遇到环境恶劣的应激状况下才会导致发病。而且有些疾病一旦发生，对于幼龄动物往往造成终生危害，例如支原体感染导致的终生咳喘、生长缓慢（在某些地方俗称"粘肺"）。

这种状况在基层小型养殖场和养殖专业户中普遍发生，严重影响养殖效益。对此应加强环境通风，及时排出污浊空气，保持地面干燥，搞好羊舍环境卫生。具体应注意以下三点。

一是羊舍建设时一定要考虑通风，在前后墙设立前低后高的通风窗，若每栋圈舍较长，需要在棚顶建多个通风排气口。

二是保持地面干燥，育肥羊舍若采用全进全出制，要密切观察羊舍地面，若潮湿泥泞要中途清理粪便，及时填干燥无污染的的深层地下土或粉碎秸秆垫料。

三是降低羊群密度，按个体大小调出部分弱小羊只。

2. 羊群密度过大导致相互争斗和恶癖　羊是群居动物，群体成员总喜好在一起活动，其中身体强壮、年龄较大的羊只常担任"头羊"的领导角色，带领全群统一行动。羊又是喜欢运动的动物，除了采食后和午夜休息，其他时间喜欢随意运动。正常绵羊一般在 7～8 月龄达到性成熟，山羊要比绵羊早 1～2 个月，牧区要略早一些。这时的羊好动不安，喜欢争斗，以确立自己在羊群中地位。由于新引进的羊来自不同群体，互相不熟悉；加上运动空间狭小，情绪焦虑，互相争斗现象普遍，尤其是随着公羊开始逐渐性成熟，开始互相打斗互相爬跨、撕咬，扰动整个羊群骚动不安，影响休息和采食。

肉羊养殖一般选择断奶不久的雄性羔羊作为育肥对象，应及时为羊群确立领导秩序，避免无谓的争斗和体力消耗。具体要及时做到以下三点。

一是合理分配养殖密度。圈养 40 天左右要做好第二次分群，保证每只羊 1～1.5 米^2 的运动面积，将体型与群体平均值相差较大的羊挑出来。

二是关注羊群的头羊争夺，及时把难分上下的公羊挑出，仅留一个优秀的在群里处于支配地位。

三是关注羊群的异常如挖地、刨坑、吃土、吃木头、撕扯其他羊的羊毛等情况，及时排查是否饲料中矿物质供应不足，并及时补充。

3. 细菌和有害微生物滋生　羊群小环境比较封闭，加上环境潮湿，细菌和微生物繁殖很快。遇到刮风下雨、天气突变等情况，会增加发病机会。因此，在基层养殖场咳喘、拐蹄、腹泻等疾病普遍存在，影响育肥效果。

在基层调查实践中发现很多养殖场不注重环境清理和消毒，

这是一个重大误区。肉羊由于养殖周期短，圈舍利用率高，空圈时间短，若不注重日常消毒，往往很多疾病不能彻底根除。因此，针对大部分养殖场每出栏一批羊清一次粪、消一次毒的模式，平时应做到以下三点。

第一，保持圈舍干燥清洁，及时往圈舍中填充锯末、干草、煤灰、无污染的深层田间土等，以保持圈舍干燥无异味。

第二，每隔1个月向圈舍内抛撒少量生石灰，尤其是潮湿的饮水池、草料槽、墙角等地面；每半个月需要用无刺激的消毒剂对清理干净的水槽和饲槽进行消毒1次；运动场需要根据羊群健康状况不定期常规消毒。

第三，保持羊舍通风。

4. 潜在的患病个体传播疾病 我国肉羊集约化饲养起步较晚，目前尚缺少专业化的种羊繁殖场和规模化商品羔羊供应。绝大多数的育肥场都是到全国分散的牧区和半农区的各种合作社收购牧民自己繁育的羔羊。这就很难做到杜绝引进疾病的风险。近几年在舍饲育肥比较集中地山东、河北、新疆等地陆续暴发了很多不常见的羊传染病和流行病。除了和养殖场疫苗免疫不健全以外，根本原因是引进地的疾病复杂多变。

引进羊群，除了对于引进当地的调查外，在养殖过程中还要及时注意以下两方面。

一是做好新引进羊的隔离观察。需要在养殖场外围建立一个隔离区域，该区域一般要求位于羊场下风头。新引进羊需要隔离饲喂1周以上再进入育肥场。

二是对于患病个体要及时隔离治疗。

二、肉羊的引进及运输管理

羊对冷应激的耐受力较强，怕热。因此引进季节最好以深秋和冬季为宜，尽可能在凉爽的环境下度过应激和新环境适应期，这样的羔羊发病率低、成活率高。但目前大多数养殖场采取全年循环饲养，每年 2～3 批的养殖循环，所以几乎每个季节都有引进的需求，故在运输前后和引进后的管理上需要精心准备，降低应激影响，确保引进的成活率。

（一）规划好引进季节和引进数量

根据肉羊生长规律和本阶段肉羊市场行情、羊舍准备状况，结合饲养人员的技术水平，确定合理的引进数量。

肉羊秋后早春是生长速度最快季节，同时秋后也是羊肉传统消费旺季，故秋季引进效益最佳；早春羊生长速度加快，但此时抵抗力最弱，因此要注意此期羊场的防疫和保健；夏季炎热，热应激严重，肉羊生长速度变慢，本季节羔羊存栏量也较少，若市场行情较好，可以考虑全面补栏，否则应尽量降低引进数量；冬季北方肉羊抵御寒冷需要消耗大量能量，故生长速度较慢，但市场较好，养殖利润平稳，若在华北地区饲养还是比较合理的。

养殖场引进的羊群一个地区每批以不超过 1 000 只为宜，以便于疾病防控和饲养管理；若羊舍较大，建议间隔 15 天再引进下一批，以便于对于每一批次认真做好隔离检查、应激预防及防疫保健。

（二）引进准备工作

1. 引进区域和目标定位　　引进前，必须明确引进的目的和任务。对该区域羊的品种和生长速度有准确了解，对于该批次引进的羊采取何种针对性育肥措施提前有所计划。要对当地或国内外养羊的发展情况、当前和今后可能的市场变化情况进行认真研究，以免带来不必要的经济损失。

近年来随着羊肉的需求量不断增加，养羊生产已从毛用和毛肉兼用逐渐向肉用方向转变。我国从国外引进了大量的优良肉用羊品种，如杜泊、萨福克、肉用美利奴、无角陶赛特、波尔山羊等。

各地区也开展了一系列品种改良和新品种繁育工作，例如用生长速度快的杜泊改良我国母性强、体格高大的小尾寒羊，以改善肉质；用美利奴改良我国多胎母性好优良品种湖羊，以增强产肉率等。各地区虽然陆续在建立一些杂交种群，但由于我国繁育改良起步晚、推广慢，各区域尚未形成产业化，故在引进育肥羊时，建议选择当地有改良历史和种质资源较好的区域。

2. **根据经营方向引进适合的地方品种**　　引进前，首先要明确引入什么品种最适合本区域养殖和销售，到哪里引进？引进多少？在引进前要根据当地农业生产、饲草饲料、地理位置等因素加以分析，认真对比供种地区与引入地区的生态、经济条件的异同，有针对性地考察品种羊的特性及对当地的适应性，进而确定引进什么品种。

我国国土面积广阔，适合养羊的区域较广，不同地区适宜引进品种有很大不同。北方草原面积较大，气候寒冷，以饲养绵羊为主；黄河中下游地区则适合小尾寒羊、湖羊等羊群生长；淮河以南地区高温多雨，适于饲养山羊。如果北方引进南方品种山羊，则难以越冬；南方引进绵羊、绒山羊，则难以越夏。生长在宁夏的滩羊向北方和南方引进，均丧失原有的特性。因此，农户应结合自己所处的地理位置、环境条件，确定引入羊的品种。

不同品种的羊有各自的特点。例如，同为蒙古羊系列的绵羊，张家口等坝上区域的绵羊，6、7月龄之前，即育肥前期生长速度快，但个体偏小，育肥期超过100天料肉比增加，并且对支原体肺炎抵抗力较差；黑龙江齐齐哈尔地区和海拉尔地区的绵羊抗逆性强，体格健壮，但6、7月龄之前，即育肥前期生长速度较慢，育肥后期生长速度很快，出肉率很高，育肥期一般需要超过100天；产自江苏的湖羊，个体小，但出肉率高，适合短期育肥；产自山东的小尾寒羊前期生长速度慢，且料肉比较高，必须长期育肥才能见到效果。

选择品种还应考虑当地市场需求。例如南方地区喜欢育肥周期短的羔羊肉，广东一带喜欢膻味重的山羊肉，新疆偏好生长周期长肥而不腻的大羊，北方城市喜欢小的分割羊排等。所以，必须考虑各个区域的消费特点，肉羊的早熟性、生长发育速度、体重、屠宰率、净肉率和羊肉品质等。

3. 圈舍准备　已养过羊只的羊场，引进10天前除要修缮羊舍、清除粪便外，土质运动场要挖地20厘米以上并清除，垫上新土。羊舍以氢氧化钠不漏死角地喷洒彻底消毒，对于饲料间、封闭羊舍可采用福尔马林熏蒸消毒，对于上一批次发生过传染病的羊舍必须用火焰消毒食槽、水槽及栏杆，同时空圈半个月以上。对于隔离羊舍同样进行全面、彻底、严格消毒。新建羊场配套设施需要及时建好。

4. 饲草及相关药品准备　兵马未动粮草先行。养羊的物质基础是饲草，充足的饲草是养羊的必要条件。要准备多样性的干草，如羊草、花生秸、大豆荚皮、野山草、树叶、农作物秸秆、农产品加工副产品等，都是养羊的粗饲料，必须在引进前有必要的储备。青贮饲料是很好的粗饲料，有条件也可以准备，对于种羊和长期饲养的羊能补充大量能量，但对于育肥效果不显著。新羊引进后要保证过渡期有足够青干草，如羊草或晾晒干的野山草，用以刺激瘤胃蠕动，控制瘤胃偏酸发酵，恢复食欲和胃肠道功能。精饲料也应备足。

要准备好控制运输应激和补充营养、防治疾病的药物和添加剂。常用的有增强抵抗力、预防运输应激的黄芪多糖粉，预防病毒性疾病的清瘟败毒散，防治消化道感染的银黄可溶性粉，补充多种维生素的电解多维，健胃清肠的大黄苏打粉，以及健胃散等。

5. 技术人员培训及操作准备　养羊表面看没有高深技术，实则不然，集约化养羊与粗放养殖完全不同，其饲养周期短、环环相扣，以求达到最快生长速度，故马虎不得。相关技术和管理人员在羊进场前应严格按照操作规范进行提前演练。同时，要求养殖场负责人养殖经验丰富，对于引进后羊群全面管理。引进前全场饲养人员应进行必要的技术咨询、培训，才能保证羊群引得来、养得活、长得快、效益高。

6. **选择最佳引进时间**　从季节来说，气候较适宜的季节是春、秋两季，夏季最好不引进，因为 7～8 月份天气炎热、潮湿多雨，羊群应激较大，不利于远距离运输，也不利于生长。如果引进距离较近，不超过 1 天的时间，可以不考虑引进的季节，一年四季均可进行。从繁殖季节来说，牧区羊群在秋末冬初达到发情配种高峰，早春季节是产羔高峰，3～4 月份合适。从引进区域来说，由温暖地区向寒冷地区引进羊，应选择夏季为宜；由寒冷地区向温暖地区，引进应以冬季为宜。

7. **羊场管理明确细化**　要做好饲养人员的培训、管理、分工和各项规章制度的建立，做到分工明确，流程规范，有章可循，有条不紊。

（三）羊群的选择

选羊时通过对当地流行疾病、品种改良、饲养管理、以往育肥成绩等各方面全盘考察后，对于羊群采用群体观察和个体挑选两个步骤进行选择。

1. **整体检查**　首先对大群羊进行静态观察，主要观察精神、外貌、营养、呼吸、反刍状态。重点是群体营养状态、瘦弱羊比例、尾部粪便污染情况、是否有咳喘声音等，需认真反复观察；然后进行动态观察，观察羊群运动时头、颈、腰、背、四肢的状态，同时观察粪便的颜色、气味等。

2. **个体挑选**　如果允许，要对每一只羊进行精挑细选。优良个体应具备该品种的特征，精神饱满体格结实，背腰平齐，颜面清秀，两眼有神，呼吸均匀，鸣叫响亮，姿势端正，蹄色正常，四肢有力，行动敏捷，体温38～39℃，食欲旺盛，粪便呈豆状，被毛光亮，皮肤有弹性，鼻孔、嘴唇周围干净。

挑选时检查的项目主要有口腔黏膜、嘴唇、鼻面、眼圈、耳根部、四肢皮肤、蹄叉、蹄冠、胸腹部无毛或少毛处，乳房周围与尾根无毛处等有无溃疡、水疱、脓疱、疹块、结痂、龟裂，眼及眼结膜是否充血、潮红、苍白、发黄、发绀、畏光、流泪，鼻腔有无鼻液，粪水是否污染后躯。

3. **查看免疫保健卡片**　对于选定的羊只，还应索要免疫注射情况卡片。可用耳标、高锰酸钾溶液或喷漆等做好标记。

4. **申报产地检疫**　选好羊后，必须到当地畜牧主管部门申报对羊群进行检疫，经检疫人员检疫后，开具产地检疫证、动物检疫合格证、非疫区证明、车辆消毒证明。获得证明后应核对证明的完整性和有效性，做到证物一致，填写规范，书写标准。

（四）羊群运输

1. **运输时间安排**　为了使引入羊群在生活环境上的变化不至过于突然，使之有一个逐步适应的过程，在启运时间上要根据季节而定，尽量减少途中不利的气候因素对羊群造成影响。如夏季运输应选择在夜间行驶，防止日晒。冬季运输应选择在白天行驶。一般春、秋两季是运输的较好季节。

2. **草料及设备准备**　不超过20小时的短距离运输，选择一次性直接运达，中途不卸车饲喂。可以在装车前喂个半饱，或不喂料，仅补饲部分干草，充分饮水。途中不喂草料，根据天气决定是否补充饮水。长途运输特别是火车运输时要准备好中途饮水盆、水桶等，并准备好青干草和少量以麸皮和粗玉米面为主的饲料。

3. **押运人员安排**　汽车一般一辆车有一个押运人员即可，火车押运时，一节车厢上应有两人。押运人员要求有责任心，对肉羊饲养管理较为熟悉，且有较好体力。随车应准备铁锨、扫帚、手电及常用药品（特别是外伤用药）等，应当根据风雪雨等天气状况随时掀和盖住篷布。

4. 运输车辆选择　羊属于中小型动物，一般以汽车运输为主。根据羊群数量、体重选择专用运输车型号和货栏层数，原则是宜大不宜小。根据经验，15～20千克的羔羊，4米长车厢的车辆双层可以运输100只左右，9米长的车厢可以运输300只左右。每车最多不可超过300只，这样通风比较好，避免闷热、缺氧导致死亡。按大小、强弱进行分群装车，避免拥挤。车厢内应放些垫草或河沙，车厢最好能分成小格。

5. 运输注意事项

①装车前应当空腹或半饱，不宜放牧后装车，以防腹部内容物多，车上癫簸引起不良反应。装车之前要给每只羊饮用抗应激提高免疫力的药物黄芪多糖粉1克。装车时，车辆应停放在高台处，让羊能自动上车，上车速度不宜过快，以防互相拥挤造成挤伤、跌伤。在车厢马槽边沿处应放上木棒挡住空隙，防止羊蹄踩入造成骨折。每辆车上装羊的数量以羊能活动开为宜，过少易挤倒；过多时，体弱羊若被挤倒则很难站起，容易引起踩踏伤或死亡，夏季拥挤会使通风散热不畅，容易发生中暑。装车后要清点羊数。

②尽量缩短途中运输时间，尽早到达目的地，特别在夏季中午行车，车更不能停下，以防日晒拥挤造成中暑，而在车行驶中由于有风速加快散热，可减少中暑的可能。

③行车运输途中要尽量匀速行驶，避免急刹车，过坑和在路面不平的道路上行驶车速要慢，以防羊前后拥挤、踩踏和倒伏。长途运输车辆应尽量选择高速路行驶，避免堵车，对趴下的羊要及时拉起，防止踩、压，特别是山地运输更要小心。

④热天运输时，车顶应敞开，车厢应透风，尽量在早、晚和夜间趁凉赶路，严防捂羊、压羊。冬季运输时，应盖好篷布，注意挡风保暖，防止羊群受凉感冒。运输路程远的，运羊途中应备足羊喜食的草

料和清洁的饮水。运输途中 1 天要给料 2 次，给水 4～5 次，特别是夏天更要给予充足的饮水。

三、肉羊场常见应激及防控措施

当动物机体突然受到强烈有害刺激（如击伤、饥饿、运输、环境突变等）时，脑桥中的肾上腺髓质系统和下丘脑肾上腺皮质系统分泌肾上腺素，引起血中促肾上腺皮质激素浓度迅速升高，糖皮质激素大量分泌，并引起一系列全身反应以抵抗有害刺激，称为应激反应。

应激反应是动物机体对抗不良刺激的适应性反应。不过应激反应对动物机体也有其破坏作用的一面。

羊是一种温驯胆小的动物，任何环境的改变都会造成严重的应激反应，表现为精神沉郁、抵抗力减弱、机体调节功能减退、疾病易感性增加，严重的甚至死亡。诸如运输、转群、防疫、高温、惊吓等都会产生应激反应。目前，降低应激反应已经成为集约化肉羊养殖场很重要的管理指标。

（一）应激给肉羊生产造成的危害

应激对肉羊生产造成的危害体现在以下几个方面。

第一，导致抵抗力降低，诱发各种疾病。机体处于应激反应时，由于调动激素反馈系统形成积极抵御，导致嗜酸性粒细胞和 T、B 淋巴细胞的产生和分化及其活性受阻，血液吞噬活性减弱，体内抗体水平低下，从而抑制了机体的细胞免疫和体液免疫。常常诱发的主要疾病为感冒、支气管肺炎、腹泻、流行性眼炎、口疮等。

第二，导致免疫失败，疾病暴发。应激状态下不但体液免疫和细胞免疫受阻，身体已建立的特定抗体蛋白活性降低，难以对抗特定的病原微生物侵袭，发生免疫抑制性疾病。

对引进羊群做免疫注射后，低活性的抗体与注入的抗原发生抗原抗体反应，导致免疫失败，甚至暴发该免疫的疾病。这也是新引进羊群没有度过应激持续期开展紧急免疫注射时常常失败的主要原因。

第三，导致消化系统、循环系统、内分泌系统障碍，影响育肥效益。应激导致的采食量降低可能与体内糖皮质激素分泌过高，导致机体神经肽 Y 分泌减少、胃肠黏膜屏障受损等有关。应激对消化系统损伤主要表现为胃肠道黏膜出血、溃疡，若同时饲喂易发酵产酸的精、粗饲料会导致黏膜变薄、脱落形成溃烂，顽固性腹泻，甚至产生酸中毒症状，食欲减退，迅速消瘦，甚至死亡。

应激状态下由于心肌和外周血管强烈收缩，使心肌受损，长期应激导致的心脏损伤是不可逆的，导致终生衰弱、各器官营养供应不足。外周肌肉器官营养不良最为明显,组胺在四肢末梢蓄积，导致四肢酸痛无力，抵抗力降低，极易引发蹄叶炎和坏死杆菌感染的腐蹄病。

内分泌系统障碍导致动物紧张、敏感、焦虑、烦躁、忧郁等状况，影响生长。

第四，导致营养缺乏，繁殖障碍，生长受阻。持续应激常可导致动物机体对维生素、微量元素的需要量增加，易引发缺乏症。例如，热应激易导致维生素 C、维生素 E 不足；应激性溃疡导致维生素 K 需要量增加；急性短期高温和持续高温条件下肌肉器官对铬的需要量增加。

总之，应激导致机体损伤、营养缺乏和免疫力降低等状况的修复时间较长，对于肉羊生长和发育影响极大，尤其幼龄动物往往造成育肥失败，即干吃不长，即所谓的"僵羊"。在基层实践中养殖场越来越重视应激的防控，如何应用合理药物及时防控显得尤为重要。

（二）应激的分类

1. **环境突变应激** 羊群从放牧突然转变为圈养，由分散饲养突然转为大群饲养，导致羊群生活环境的突然改变，使机体处于一种高度紧张状态，诱发神经、内分泌系统活动增强，发生应激反应。

2. 运输应激 羊群从自由运动到突然装入运输车辆，直至运抵环境差异大的新养殖场，经长时间运输而没有给予充足的饮水和草料，或因应激食入草料过少，造成饥饿缺水，这是造成运输羊群死亡的重要原因之一。尤其是在缺水情况下，体内酸碱平衡与水盐代谢紊乱，消化液分泌与营养成分吸收减少，代谢产物的排泄发生障碍，使机体容易发生高渗性脱水、代谢性酸中毒等，尤其是在车船内湿度大的情况下更易发生脱水。

3. 热应激 羊天性喜凉爽，加上被毛粗密，对高温天气很敏感。近几年来，随着全球气温的普遍升高，不但南方炎热地区畜禽常发生热应激，比较凉爽的北方地区夏季时也经常发生热应激。特别是在羊群密度大、拥挤，通风不良时形成高热、高湿的小气候，引起羊群体内积热，且散热困难，而出现脱水、心力衰竭、肺淤血、肺水肿、全身血液循环衰竭、消化功能减退等。

4. 环境噪声应激 运输和饲养过程中周围环境突发和持续的噪声对羊群来说是一种强烈刺激，使羊群血浆肾上腺素、皮质醇、非酯化脂肪酸浓度升高，机体抵抗力下降。

5. 其他应激 对羊群的追捕、驱赶和保定，羊群间拥挤、争斗等，都会导致应激。

（三）抗应激常用药物

1. 电解质或有机酸制剂 发生热应激时，瘤胃酸度增加，导致肉羊机体出现代谢性酸中毒症状，此时在饲料中添加碳酸氢钠、氯化钾、氯化铵、硫酸钾等电解质或有机酸制剂（如柠檬酸、延胡索酸等），可很好地缓解代谢性酸中毒，调节体液电解质平衡。

2. 维生素 维生素C和维生素E是抗热应激时常用的抗应激添加剂。热应激时，添加维生素C能有效调节机体血浆皮质酮浓度，补偿因皮质酮浓度增加而造成的毒副作用；维生素C也有利于促进机体肾上腺皮质激素的正常分泌，降低生理应激，有助于热应激条件下的机体维持正常体温；添加维生素 E 有保护细胞膜和防止氧化作用，能提高机体细胞钙浓度，使得细胞膜的通透性降低，从细胞到血液的肌酸酐激酶（CK）的溢出物升高，使家畜具有耐受重度热应激的能力，同时维生素 E 可显著提高淋巴细胞的转化率、免疫球蛋白 IgG 浓度，显著增强免疫功能。维生素 E 还可提高畜体的抗病力。另外，维生素 B_1 参与细胞代谢，特别是参与糖的代谢，维生素 K 是抗应激剂，故应激发生时首先需要补充大量维生素。

3. 黄芪多糖　是中药黄芪的药用根部提取物，它能增强机体的免疫功能，促进免疫器官发育，对特异性免疫和非特异性免疫均有促进作用。

4. 刺五加　为五加科植物刺五加的根和根茎。本品具有镇静作用，对应激状态下垂体——肾上腺功能有保护作用，还能刺激 T 细胞的产生，增强机体非特异性防御能力，提高细胞诱生干扰素的能力，因而有抗病毒、抗肿瘤和免疫调节作用。它能提高机体氧气吸收量（抗氧化能力是维生素 E 的 5 倍）；促进机体合成代谢，提高畜禽的生长率和饲料报酬，可用于抗应激和促进生长发育。

刺五加主要作用是加大血液循环量，抗氧化，提高血氧浓度，抗高热造成的缺氧症状，加大组织的代谢水平。维生素 C 与刺五加联合应用等能增加毛细血管通透性，促进血液循环，缓解乳酸和组胺在各器官内积累，缓解器官损伤。

5. 柴胡　功能为发表，退热，疏肝，利胆，抗病毒，作用于体温调节中枢，防止体温的不正常变化。

（四）应激防控措施

1. 热 应 激

（1）热应激症候群　当环境温度过高时，机体的电解质平衡、酸碱平衡及内分泌等代谢均发生紊乱，为了减少产热以适应周围环境，体内的甲状腺素和三碘甲状腺素的分泌会下降，因而造成羊的采食量下降。采食量下降导致了瘤胃中挥发性脂肪酸产量减少，造成肉羊生产能力降低和机体能量代谢的不平衡。在临床上表现出体温调节功能障碍、呼吸加快、皮肤代谢发生障碍、食欲下降、采食量减少、体重减轻和机体的免疫力下降等症状，最终导致各种疾病的发生。

消化功能障碍导致瘤胃酸中毒引起一系列代谢病，如肢蹄病、真胃迟缓、黏膜脱落、变位，腹泻，能量代谢障碍等，并可能因为采食量下降而进一步恶化。

受热应激的作用，母羊会分泌更高水平的黄体酮，以致影响黄体生成素（LH）分泌。在临床上可能观察到不发情和发情行为减少，母羊的受孕率下降，引起胃肠道黏膜应激性溃疡，通常呈现出多发性糜烂、单个或多发性溃疡。食欲降低，若添加强诱食性的添加剂，虽然采食量有所增加，但会加重消化负担，进一步加剧应激性溃疡程度，从而出现消化不良或腹泻现象。

（2）防控方案　应激发生时不可以盲目应用健胃药物，主要以促进免疫、安神、降低兴奋性、凉血、改善循环、保护黏膜为方案重点。

黄芪多糖粉，每只每天1克，连用5～7天，主要用于增强对外界应激环境抵抗力；应激素（主要成分：维生素C、多种维生素、碘化钾、亚硒酸钠、山梨酸钠、萨洒皂角苷、柴胡提取物、刺五加提取物等），拌料，每只每天3～8克，连用1周，增强机体对高温耐受力，促进采食和胃肠道功能效果明显。

2. **运输应激**　是最复杂、最难防控的应激，往往会造成发病率增加、生长受阻或死亡增多。

防控方案：实践表明装车前给羊服用镇静药物是没有意义的，因为羊本身就是喜安静不喜剧烈运动的动物，无须镇静，而且镇静并不能增强抵抗力及改善散热能力。应用黄芪多糖效果较好，装车前口服富特（黄芪多糖口服液），每只10～15毫升；新引进圈后，用多糖宝（黄芪多糖粉）饮水或拌料，1～3克/只，连续7～10天。若要预防传染性胸膜肺炎等肺部感染，应联合应用金美康（银黄可溶性粉），拌料或饮水，1～3克/只，能有效地缓解运输应激，降低损失。

3. 免疫应激

（1）防控目标　减少注射疫苗应激造成的发热、不食、精神沉郁、体重减轻等状况；迅速提高抗体滴度水平，快速建立机体防疫体系，有效避免由于防疫造成的阶段性抗体水平下降，抵抗力下降，出现大量临床症状的现象；疫病流行时紧急免疫迅速建立免疫应答。

（2）防控方案　多糖宝（黄芪多糖粉）免疫前 3 天和免疫后 2 天饮水或拌料，总计 5 天，每只每天 1～3 克，效果明显。

四、新引进羊常见病防治

笔者在近几年的调查中发现，羊群调运后的 10 天内是羊群常见疾病的多发期、高发期，此期处理不当常造成巨大损失。调运后羊群常见的疾病有感冒、支气管炎、肺炎、腹泻、传染性角膜炎、口疮、羊肠毒血症等。

（一）感　冒

1. 特征　由气候突然变化、寒冷刺激、冷雨浇淋、寒夜露宿等原因引起。临床表现为体温升高，浑身发抖，精神沉郁，有鼻液，咳嗽。

2. 防　治

①调运过程中注意防寒、保暖、散热三者关系的处理，不管天气如何，都要准备遮雨布，防止羊群遭受雨淋。

②病羊应避风保暖，充分饮水，饲喂容易消化的草料。

③注射或口服复方氨基比林、安乃近、水杨酸钠等。预防继发感染，可同时注射抗生素或磺胺类药物。夏季风热感冒可使用中药治疗。配方：桑叶 10 克、菊花 10 克、银花 6 克、连壳 10 克、杏仁 10 克、桔梗 10 克、甘草 6 克、薄荷 10 克、牛蒡子 10 克、生姜 15 克，熬汁灌服，每天 3 次。

（二）支气管炎、肺炎

1. **特征**　由于运输途中受寒感冒，机体抵抗力降低，病原菌感染导致发病。临床表现为咳嗽，体温升高，呼吸次数增加，呼吸困难，听诊胸部有浊音区。

2. **防治**

①加强饲养管理，增强机体抵抗力，注意防寒保暖，防止感冒发生，运输羊群时注意避免强风吹袭。

②青霉素 80 万～160 万单位、链霉素 1 克，一次肌内注射。还可用新霉素、土霉素、卡那霉素等抗生素治疗。

③出现其他症状时，进行对症治疗。

（三）腹　泻

1. **特征**　又称胃肠炎，因调运后的饲草和饲料品种、水质、气候，饲养方式等的改变，加上长途运输后机体抵抗力较低，导致致病菌入侵引起感染。临床表现为消化功能紊乱，腹痛，发热，腹泻，脱水和毒血症。

2. **防治**

①询问调运前饲喂的饲草、饲料品种，做到逐渐转换。注意草料质量，杜绝污染，不饲喂霉变草料及含水量过高的饲草。

②治疗原则是抗菌消炎，制止发酵，清理胃肠，强心补液，防止脱水。磺胺脒 4～8 克，碳酸氢钠 3～5 克，内服。制止肠道发酵可选用矽炭银、鞣酸蛋白、胃蛋白酶、次硝酸铋等，肠道消炎可选用庆大霉素、黄连素、氟哌酸、复方新诺明、金霉素等药物。

（四）传染性结膜角膜炎

1. **特征**　俗称"红眼病"，是由嗜血杆菌、立克次体引起的羊群的一种急性传染病，调运后的羊群特别易感。损害部分仅限于眼部，使眼结膜和角膜发生明显炎性变化，畏光，流泪，结膜潮红、充血，眼角流出黏液性或脓性分泌物，少数形成角膜薄翳、白斑，甚至造成失明。本病常发于温度较高、蚊蝇较多的夏秋高温季节和空气流通不畅、氨气浓度较高的环境。

2. 防 治

①病羊隔离,圈舍及时清扫消毒。

②用 2% ～ 5% 硼酸水或生理盐水洗眼,擦干后可选用红霉素、四环素或 2% 可的松等眼膏点眼。

③用青霉素加地塞米松 2 毫升、0.1% 肾上腺素 1 毫升混合点眼,2 ～ 3 次 / 天。

④出现角膜混浊或白内障的,可用拨云散滴眼,或用青霉素 50 万单位加病羊自身血 10 毫升,眼睑皮下注射,或 50 万单位链霉素溶液 5 毫升,眶上孔注射,2 天 1 次。

(五)羊传染性脓疮

1. **特征** 俗称"羊口疮",是由病毒引起的。据笔者调查发现,许多羊群产地带毒但不发病,调运后由于机体抵抗力下降,极易在异地暴发。表现为口唇等处皮肤和黏膜形成丘疹、脓疮、溃疡和结成疣状厚痂,主要通过圈舍、用具及皮肤擦伤传播,呈群发性。

2. 防 治

①定期防疫,每年 3 月或 9 月用口疮弱毒细胞冻干苗在口腔黏膜内注射 0.2 毫升。据笔者经验,皮下注射羊痘苗 1 头份可大大降低羊口疮的发病率。

②少用粗硬饲料,严防创伤感染,发现病羊及时隔离,圈舍和用具用 2% 氢氧化钠或 10% 石灰乳或 20% 热草木灰消毒。

③用 0.1% ～ 0.2% 高锰酸钾溶液冲洗创面,再涂 2% 龙胆紫、碘甘油、5% 土霉素软膏或青霉素软膏等,1 ～ 2 次 / 天。

第三章　肉羊饲料与饲养管理

一、肉羊的消化特点

（一）主要消化器官

羊主要的消化器官是由胃、小肠和大肠等组成。

1. 胃　羊属于反刍动物，有 4 个胃，分别为瘤胃、网胃、瓣胃和皱胃。前三个胃称为前胃，没有腺体组织，主要进行机械性和微生物性消化；第四个胃又称为真胃，胃壁的黏膜腺体可以分泌胃液，主要是胃蛋白酶和盐酸，对食物进行化学性消化。

2. 小肠　是羊消化吸收的重要消化器官，小肠细长而曲折，长度约为 25 米，相当于体长的 25 倍左右。胃内容物经胃消化后进入小肠，在胆汁、胰液和肠液等各种消化液的作用下进行化学性消化，被分解的营养物质被小肠绒毛上皮吸收。未被消化吸收的物质，经小肠的蠕动作用而被推入到大肠。

3. 大肠　长度比小肠短，约为 8.5 米，主要功能是吸收水分和形成粪便。在小肠内未被消化完的营养物质进入大肠后，在大肠微生物和由小肠液带来的各种酶的作用下继续消化吸收，剩下部分形成粪便排出体外。

（二）反　刍

反刍是指草食动物在食物消化前把食团经瘤胃逆呕到口中，经再咀嚼、再混合唾液和再吞咽的活动。其作用机制是食物刺激网胃、瘤胃前庭和食管沟的黏膜，反射性引起逆呕。反刍是对饲料的进一步磨碎，有利于瘤胃微生物生存、繁殖和进行性消化。

羊的重要消化生理特性就是反刍，长时间停止反刍时，常常会引发瘤胃膨气、瓣胃阻塞或肠梗阻等多种疾病。羊食草后，在休息时，饲草在瘤胃内经浸泡、混合和发酵，便开始反刍。正常情况下，食入后 40～70 分钟，出现第一个反刍周期，食团逆呕到口中，反复咀嚼 70～80 次，然后再吞咽下去，每次持续 40～60 分钟，有时可达 1.5～2 小时，反刍次数的多少与时间的长短和饲料的种类密切相关，饲料中粗纤维的含量越高，则反刍的时间越长。

（三）瘤胃微生物的作用

第一，瘤胃为微生物的生长繁殖提供了适宜的环境，瘤胃内存在大量的细菌和原虫，每毫升内容物有细菌 $10^{10}～10^{11}$ 个、原虫 $10^{5}～10^{6}$ 个。原虫的体积比细菌大，原虫中主要是纤毛虫。瘤胃犹如一个高温"发酵罐"，温度 40℃左右，pH 值在 6～8，为微生物的繁殖提供了有利的环境。瘤胃是一个复杂而又稳定的生态系统，反刍动物摄入大量的草料主要靠微生物复杂的消化代谢，将其转为畜产品。因此，瘤胃微生物对食入饲草的消化和吸收营养具有重要的意义。

第二，瘤胃微生物可以分解粗纤维。瘤胃是消化碳水化合物，尤其是纤维素的重要器官，通过微生物产生的粗纤维水解酶，饲草中的粗纤维被分解成容易消化的碳水化合物，同时形成挥发性低级脂肪酸，如乙酸、丙酸、丁酸等，从而被机体利用。这些有机酸的去路，一方面可以合成葡萄糖，通过血液循环参与代谢，是机体重要的能量来源；另一方面可以和尿素分解后产生氨，通过微生物的作用合成氨基酸。此外，有机酸也可以中和尿素产生大量的氨，使瘤胃维持正常的酸碱度，不至于使机体发生氨中毒。

第三，瘤胃可利用植物性蛋白质和非蛋白氮合成菌体蛋白。通过瘤胃微生物分泌酶的作用，可以把饲料中低质量的植物性蛋白质分解为肽、氨基酸和氨。饲料中的非蛋白氮，如酰胺、尿素等，也被分解成氨。这些分解产物在瘤胃内能源供应充足和具有一定数量的蛋白质条件下，被瘤胃微生物合成微生物蛋白质。这些微生物蛋白质组成较稳定，含有各种必需氨基酸，生物学价值高，随食糜进入皱胃和小肠，作为蛋白质饲料被消化利用。因此，通过瘤胃微生物的作用，提高了植物蛋白质的营养价值。

第四，瘤胃微生物可以合成 B 族维生素和维生素 K，可以满足羊自身需要，不必另外供应。维生素合成后，一部分在瘤胃中被吸收，其余在肠道中被吸收利用。另外，瘤胃微生物对脂类具有氢化的作用，可以将牧草中的不饱和脂肪酸转变成机体内硬脂酸，同时也能合成脂肪酸。

二、肉羊常用饲料的调制与日粮配合

（一）肉羊常用饲料

1. 粗饲料　凡干物质中粗纤维含量 ≥ 18% 的饲料都属于粗饲料。包括青干草、秸秆、秕壳、树叶类和糟渣类。其共同特点是体积大，在饲料中占很大比重，采食后有饱腹感，但营养价值低，通常作为基础饲料。

（1）干草　是牧草（或其他青绿饲料植物）在未结籽前割下来，经晒干或其他方法干制而成，其营养价值取决于制作原料的种类、生长阶段和调制技术。一般青牧草含有 85% ～ 90% 的干物质，优质干草呈绿色，有芳香味，柔韧，适口性好，并且含有较高的蛋白质和矿物质，一般豆科干草粗蛋白质含量较高，而有效能在豆科、禾本科和禾谷类作物调制的干草间没有显著差别。合理调制的干草，营养价值比秸秆类优良。

（2）秸秆饲料　秸秆主要是农作物收获籽实后的副产品，种类繁多，资源极为丰富，但适口性差，营养价值低，粗纤维可达30% ～ 45%，有效能值低。这类饲料主要有玉米秸、麦秸、高粱秸、豆秸、谷草等，是羊的主要饲料，可以保证羊干物质的采食量。玉米秸、麦秸和高粱秸适口性差，营养价值低，难消化，是质量较差的粗饲料；豆秸含木质素较高，质地坚硬，用作羊的饲料时可将其粉碎与精饲料混饲，效果较好，其粗蛋白质含量和消化率较禾本科秸秆高；谷草在禾本科秸秆中品质最好，其质地柔软厚实，可消化粗蛋白质、消化总养分较高，是羊的优良粗饲料。

（3）秕壳类饲料 常见的有谷壳、花生壳、稻壳、豆荚等。一般秕壳的营养价值高于秸秆类。豆荚的营养价值较好，谷类秕壳的营养价值次于豆荚，且其数量大，来源广泛。此外，花生壳、棉籽壳、玉米芯和玉米穗包叶等也常常作为羊的饲料来源，饲喂前进行粉碎，并与精饲料、多汁饲料混合使用。棉籽壳含有有毒成分（游离的棉酚），饲喂时不能过量，以免引起羊中毒。

（4）树叶类饲料 多数树木的叶子、嫩枝阴干后均可以作为羊饲料，其中优质紫穗槐叶、槐树叶、松针等是羊的蛋白质和维生素的很好的来源。树叶数量大，来源广泛，质地虽硬，但营养成分较多，青嫩鲜叶容易消化。树叶虽然是粗饲料，但营养价值比秸秆和荚壳高。不同树种其树叶的饲用价值也有差别。豆科树种的树叶如紫穗槐、洋槐、胡枝子等蛋白质含量较高。而槐树、桃树、梨树等树叶含有有机物质，消化能较高。另外，树叶的营养价值的高低与生长期有关，鲜嫩叶较高，青落叶次之，枯黄叶最差。

（5）糟渣类 许多生产酒、醋、糖等工业的副产品，如酒糟、粉渣、醋渣、豆腐渣等都可以作为羊的饲料。酒糟来源广泛，产量大，使用较多。啤酒糟是大麦为原料酿造啤酒后的副产品，其蛋白含量较高，可达22%左右，粗纤维含量较低，尽管蛋白质及氨基酸的利用率较差，但也可以作为羊饲料的来源。白酒糟是谷物和薯类为原料酿造后而得，营养价值与啤酒糟相类似，但含有一定量的酒精，作为羊的饲料时需做一定的处理。

2. 青绿饲料　饲料中含水量大于 60% 的青绿多汁饲料为青绿饲料。数量大，种类繁多，分布广泛。青绿饲料其水分含量高，干物质少，能量含量低，养分含量低；蛋白质含量高，品质较好，营养价值较高。按干物质计算，豆科牧草含蛋白质 18%～24%，禾本科牧草含蛋白质 13%～15%，但豆科中含硫的蛋氨酸和胱氨酸不足，禾本科的青绿饲料中赖氨酸含量较低，羊对青绿饲料中粗蛋白质的消化率可达 80%；青绿饲料含无氮浸出物较多，粗纤维较少，木质化程度低。一般青绿饲料中无氮浸出物占 40%～50%，粗纤维占 15%～30%，肉羊对已经木质化的青绿饲料的消化率可达 32%～58%；青绿饲料中矿物质含量丰富且比例适当，是机体获得矿物质的良好来源；青绿饲料中含有丰富的维生素，特别是胡萝卜素，每千克含量为 50～80 毫克，也富含丰富的 B 族维生素、维生素 E、维生素 C 和维生素 K，但维生素 D 较为缺乏；青绿饲料中含有酶、激素、有机酸等，有助于消化，对青绿饲料的消化率可达 80% 左右。

（1）牧　草

①苜蓿　分为紫花苜蓿和黄花苜蓿，其中紫花苜蓿分布广泛，为最重要的栽培牧草之一。其种植面积广，品质好，产量高，适应性强，一次栽种可持续利用多年。苜蓿一般以第二年到第四年生长茂盛，最适宜的刈割时间为现蕾开花前。苜蓿的营养价值高，适口性好，且必需氨基酸组成较平衡，初花期干物质中含粗蛋白质 21.1%，赖氨酸 1.34%，消化率可达 78%。无论是青贮、青饲、放牧和调制干草，其饲用效果较好，可以作为羊的主要青饲料。但在饲喂时喂量不宜过多，否则会引起瘤胃膨气，体重 60 千克左右的羊每日喂量不应超过 7 千克。

②三叶草　种类繁多，大约有 300 多种，主要的是红三叶和白三叶。红三叶营养价值较高，一般适宜在现蕾开花前刈割，新鲜草含干物质 27.5%，粗蛋白质 3%。按干物质计算，其净能高于

苜蓿，但可消化蛋白质低于苜蓿。白三叶是多年生豆科牧草，适口性好，再生性好，耐牧，营养价值高，其粗蛋白质的含量高于红三叶，而粗纤维的含量低于红三叶，具有较高的消化利用率和营养代谢能，作为青绿饲料优质来源之一。

③草木樨 有20多种，主要是2年生白花和黄花草木樨。新鲜的草木樨中含干物质16.4%，粗蛋白质3.8%，钙0.22%，磷0.06%，每千克含消化能1.42兆焦。草木樨含有一种不良气味物质——香豆素，其适口性较差，若保存不当，香豆素在霉菌的作用下发酵生成双香豆素，双香豆素在机体内与维生素K有拮抗作用，饲喂时应注意。

④紫云英 又称红花草，蛋白质含量丰富，产量高，适口性好，且含各种矿物质和维生素，鲜嫩多汁，是一种优良的青绿饲料，刈割时间一般是在现蕾开花前比较好。

⑤羊草 又称碱草，主要在我国北方草原地区种植，是一种优良的牧草。其营养价值高，适应性强，饲用价值高，容易栽培，是我国重点推广的优良牧草。羊草的适口性好，营养比较丰富，蛋白质品质好。鲜草含干物质28.6%，粗蛋白质3.49%。

⑥沙打旺 又称苦草、直立黄芪、麻豆秧等。在北方风沙区及黄土高原一带成为一种重要的飞机播种改良草地。是一种高产牧草，播种当年产量不高，草质柔软，生长迅速，再生力强，营养价值丰富，茎叶柔嫩，蛋白质含量较高，新鲜的沙打旺含干物质33.29%，粗蛋白质4.85%，因含硝基化合物，有苦味，适口性不及紫草苜蓿和红豆草。硝基化合物为低毒物质，影响家畜的机体运氧功能和中枢神经系统，而羊的瘤胃微生物对硝基化合物有水解作用，可以水解成无毒物质。

⑦毛苕子 又名毛野豌豆、冬巢菜、长柔毛野豌豆等。属于1年生或越年生草本植物，最常见的是普通苕子和毛苕子。毛苕子又称冬苕子，其茎叶柔嫩，营养价值较高，适口性好，鲜草中

粗蛋白质和矿物质含量都很丰富，氨基酸和维生素含量也较丰富，各种家畜都喜食，是牛、羊等家畜的优质蛋白饲料。毛苕子一般以初花期刈割最好。新鲜普通苕子含干物质 15.5%，粗蛋白质 2.1%，可用作青饲、放牧、青贮和调制干草。

⑧串叶松香草　为多年生草本植物，又名松香草、菊花草、串叶菊花草。串叶松香草不仅产量高，而且品质好，含有丰富的粗蛋白质和氨基酸，碳水化合物含量较高。另外，钙、磷和胡萝卜素的含量也极为丰富。播种当年不刈割，或只在越冬地上部分枯死前刈割 1 次，以后每年在现蕾至开花初期开始刈割。一般含粗蛋白质 13.5% ～ 15.1%，并含有丰富的氨基酸，可作为各种家畜的优质饲料。

（2）青饲作物

①苦荬菜　又称苦麻菜、鹅菜、山莴苣等。生长迅速，需及时刈割，伤口愈合快，再生能力强。刈割的次数越多，则产量越大，品质越好。苦荬菜叶量大，脆嫩多汁，营养丰富，适口性好，粗蛋白质含量较高，粗纤维含量较少，蛋白质中氨基酸种类齐全，是一种优质的蛋白质饲料。可用作青饲、青贮或调制干草。青饲时要生喂，每次刈割的数量应根据畜禽的需要量来确定，不要过多，以免堆积存放时间过长引起发热变质。新鲜苦荬菜中含干物质 11%，粗蛋白质 2.6%，粗纤维 1.6%。

②牛皮菜　其产量高，营养价值较高，适口性好，叶嫩多汁，利用期长，一年四季均可以播种。其干物质含量占 5.6%，粗蛋白质含量占 1.1%。草酸会影响钙的吸收代谢，因此饲喂量不可过多，与紫云英、苜蓿以及其他饲料混合饲喂效果会更好。青贮时水分含量不可过多，要经晾晒除去水分或与含水量低的饲料混合贮存。

③菊苣　为灌木丛生的多年生草本植物，产量高，营养丰富，适口性好，其干物质中含粗蛋白质 15% ～ 32%，粗脂肪 5%，粗纤维 13%，无氮浸出物 30%，粗灰分 16%，磷 0.4%，钙 1.5%，

各种氨基酸及微量元素也很丰富。菊苣的抗病力强，不易受蚜虫危害，夏季不易感染褐斑病。

④猪苋菜　又名西粘谷、西甜谷、西风谷、千穗谷等，为苋科苋属1年生草本植物，是一种优质、高产、适口性好的青饲料。其适应性强，营养价值高，生长快，再生力旺盛，管理方便，1年可多次收割。风干的猪苋菜中含干物质93.15%，粗蛋白质12.68%，粗脂肪2.60%，粗纤维31.28%，磷0.22%，钙3.24%。粉碎后可以用作羊饲料饲喂，也可与水分含量少的饲料混合贮存。

⑤俄罗斯饲料菜　即聚合草，其叶片宽大肥厚，再生能力极强，在广东南部地区全年可随割随长，每年可割5～6茬，产草量是苜蓿的10倍以上，因此被称为饲草之王。其营养价值高，适口性好，干物质含量占11.6%，聚合草刈割次数递增干物质和粗蛋白质含量就会增加，粗纤维和灰分含量减少。聚合草刈割时间在现蕾开花时可青饲，也可以与玉米秸、苏丹草、大麦等禾本科牧草混合青贮或晒制干草。

（3）根茎瓜类饲料

①胡萝卜　其产量高，营养丰富，味甜，适口性好，易栽培，耐贮藏，是肉羊重要的青饲料来源。胡萝卜中大部分营养物质是无氮浸出物，并含有蔗糖和果糖，与其他块根相比蛋白质含量较多。胡萝卜中含有丰富的胡萝卜素，每千克胡萝卜中含胡萝卜素36毫克以上，胡萝卜素含量的多少与胡萝卜的颜色有关，一般胡萝卜的颜色越深，胡萝卜素的含量越高，胡萝卜中含有多量的钾、铁、磷。喂给足量的胡萝卜可提高泌乳母羊的泌乳量，对提高妊娠母羊的产羔数起到一定的作用。此外，胡萝卜叶青绿多汁，适口性好，也可以作为羊的良好饲料。胡萝卜宜生喂。煮熟时，胡萝卜素、维生素C和维生素E遭到破坏，降低营养价值。

②南瓜　又名倭瓜，营养丰富，适口性好，耐贮藏，运输方便，味甜。南瓜中无氮浸出物含量高，其中多为淀粉和糖类，蛋

白质含量高，南瓜中还有丰富的胡萝卜素、B族维生素、维生素C和钙、磷等成分。适合饲喂各生长阶段的羊，尤其对繁殖和泌乳的羊具有良好的效果。藤蔓也可青饲或青贮，也是羊良好的饲料来源。早期收获的南瓜因含水量较大，干物质含量少，不耐贮藏。根茎类饲料收获后，一般采用在室内窖藏或堆藏。贮藏前应稍加风干，除去表面水分，有利于保存。根茎、瓜果饲喂前应洗净泥土，切碎后单独补饲或与精饲料拌匀后补喂，切忌用整块的根茎饲料喂养，以免引起食道阻塞。

③甜菜　用作饲料的甜菜大致可分为四种：糖用甜菜、叶用甜菜、根用甜菜、饲用甜菜。糖用甜菜的适口性好，产量高，含干物质20%～22%，营养价值高，饲用方便，耐贮藏，可作为肉羊重要的贮存饲料。饲用甜菜较糖用甜菜品质差，不耐贮藏，干物质含量低。腐烂的甜菜中往往含有亚硝酸盐，易引起硝酸盐中毒，因此饲喂时要摘除腐烂叶子。

（4）菜叶、蔓秧和饲用蔬菜　菜叶种类繁多，一般指采用瓜果、豆类的叶子，数量大。按干物质计算，其能量高，易消化。蔓秧一般是作物的藤蔓和幼苗，营养价值高，粗纤维较多。一些蔬菜如白菜等均可以用作饲料。

3. **青贮饲料**　在密封的青贮窖、壕、塔中，将含水率为65%～75%的青绿饲料经切碎后，通过厌氧乳酸菌的发酵作用，抑制各种杂菌的繁殖而得到的一种粗饲料即为青贮饲料。青贮饲料能基本保持青饲料的营养特性，方法可靠而又经济；原料来源广，禾本科牧草、豆科牧草、块根块茎、小灌木、树叶及水生饲料、农作物秸秆、绿肥草等均可作为制作青贮饲料的原料；青贮原料经过乳酸菌发酵后，质地柔软，具酸甜清香味，牲畜喜食，适口性好，消化率高，青贮饲料的粗纤维、能量和蛋白质消化率均高于同类干草产品；受天气影响小，可以长期保存，尤其我国南方牧草旺盛生长和农作物秸秆丰富的季节雨水多，难以晒制干草，制成青贮饲料，在管护良好的条件下，贮藏 3 ～ 5 年仍然保持较好质量。

4. 精饲料　肉羊生长发育快，营养要求比较高，因此日粮中除供给一定量的粗饲料外，还应补充能量和蛋白质精饲料，主要包括能量饲料、蛋白质饲料、矿物质饲料。

（1）能量饲料　指饲料干物质中粗纤维含量低于 18%、粗蛋白质低于 20% 的饲料，包括谷类籽实、糠麸类等。能量是羊的第一营养需要，也是一切生命和生产活动的基础。若能量不足，会导致羊的生长受阻，同时也影响其他养分的利用率，因此必须保证羊的能量需要。

①玉米　是谷类籽实中能量之首，在肉羊的饲料中所占比重大，也是肉羊常用的能量饲料。玉米的适口性好，所含能量高，但含水量高的玉米易滋生霉菌和腐败变质，饲喂霉变饲料时有可能引起霉菌毒素中毒。玉米中胡萝卜素和维生素 E 的含量丰富，但维生素 D 和维生素 K 缺乏，蛋白质含量低，缺乏赖氨酸和色氨酸，矿物质中钙仅为 0.02% 左右，磷为 0.25%，其中植物磷含量占 50% ～ 60%。

②大麦　是肉羊的优良能量饲料，其蛋白品质较好，平均含量为 11%，含赖氨酸 0.6%，粗纤维 2.0% ～ 5.9%，脂肪含量少，大麦中因含有单宁，影响其适口性和蛋白质的消化率。大麦籽粒的粗蛋白质和可消化纤维均高于玉米。

③小麦　营养丰富，适口性好，含粗脂肪 2%，蛋白质 11% ～ 16.2%，粗纤维含量与玉米相当，但必需氨基酸含量较低，B 族维生素和维生素 E 含量较高，但维生素 A、维生素 C、维生素 D 含量极少。小麦饲喂量过多时会引发酸中毒，一般用量不宜超过精饲料的 50%。

④高粱　蛋白质含量高，但品质较差，且难以消化，缺乏精氨酸、赖氨酸、组氨酸和蛋氨酸。维生素 B_2、维生素 B_6 含量与玉米相当，而泛酸、烟酸、生物素的含量高于玉米，但烟酸和生物

素的利用率低，脂肪的含量低于玉米。高粱中还有有毒成分单宁，影响饲料的适口性和其他养分的利用率。可以通过压片、浸水、蒸煮等方法来提高高粱的利用率。

⑤米糠　是糙米精制成大米的副产物，营养价值高，含蛋白质 13% 左右，粗脂肪 22.4%，赖氨酸含量高于玉米，粗纤维含量较少，能量含量高，铁和锰的含量丰富，而铜含量偏低，富含丰富的 B 族维生素，而维生素 A、维生素 C、维生素 D 含量比较少。因新鲜米糠脂肪含量比较高，容易发热和引起霉变。发生酸败的米糠适口性差，饲喂过多时有可能引起羊的腹泻，严重的可引起死亡。脱脂后的米糠不仅易于保存，而且可以提高适口性和消化率。

⑥次粉　是小麦加工制粉后的副产物，蛋白质含量比较高，其中，无氮浸出物和粗纤维分别高于和低于麦麸，有效能值高于麦麸。因其育肥效果比麦麸好，且适合做颗粒黏合剂，所以一般添加 2%～5% 用于制作颗粒饲料。由于会造成黏嘴现象，适口性差，所以可用于颗粒饲料而不适合粉状饲料。

⑦麦麸　含粗纤维高，能量低，是低能量饲料。含丰富的微量元素和营养元素。其适口性较好，膨松，有轻微利泻功能，是产仔母羊妊娠和哺乳时的可选饲料。麦麸在饲喂时可加水搅拌或配制青饲料。保存麦麸时为防止其腐败发霉应注意干燥通风。

（2）蛋白质饲料　是指干物质中粗蛋白质大于 20%、粗纤维小于 18% 的饲料，包括植物性蛋白质饲料、非蛋白氮饲料。

①植物性蛋白质饲料

A. 豆籽类：包括各种大豆，如黑大豆、黄大豆和一些其他大豆等，前两类大豆是经常用到的，大豆蛋白质和脂肪含量丰富，是高蛋白质饲料。大豆饲料含有较高的蛋白质含量和丰富的必需氨基酸，其中赖氨酸含量较高，蛋氨酸含量较低。大豆的粗纤维含量较高，脂肪含量异常丰富，所以是高能量饲料。无氮浸出物含量较少，不足 30%。维生素含量和矿物质含量与谷籽实差不多，钙含量较多而磷含量较少，植酸磷含量在 50% 以上。微量元素中所含铁较多，尤其是在黑大豆中。大豆中含有一些抗营养因子，会影响饲养效果，可以经蒸煮或焙炒等加热的方式除去。经过加热后的大豆消化利用率和营养价值被提高，蛋氨酸和胱氨酸的有效率提高。经过蒸煮的大豆可以作为开食料，而经过焙炒的豆籽，较适口且营养价值也有所提高。

B. 饼粕类：油料作物籽实经过榨油之后产生的副产物为饼粕，再将副产物压榨去油后叫作油饼，通过浸压法取油后得到的副产物叫作油粕。饼粕类饲料是肉羊经常用到的补充蛋白质的饲料，其含蛋白质较高，最高可达 45%。在饼粕类饲料中，粕类饲料的蛋白质含量一般比饼类高，但是油饼中脂肪含量一般比油粕类高。矿物质和胆碱含量分别最高可达 10% 和 0.6%，富含 B 族维生素，但是缺少胡萝卜素。饼粕类饲料主要包括大豆饼粕、棉籽饼粕、菜籽饼粕、花生饼粕、葵花籽饼粕、胡麻籽饼粕、芸芥籽饼粕、芝麻饼粕等。

C. 大豆饼粕：在饼粕类植物性蛋白质饲料中，最常用到的就是大豆饼粕，营养丰富，蛋白质含量最高可达 45%，铁、锌等微量元素含量较高。饲喂豆饼时需要经过 110℃ 的加热处理来改善适口性、减少抗营养因子，加热时需观察颜色，黄褐色为正常。

D. 菜籽饼粕：粗纤维和蛋白质含量较高。蛋白质中氨基酸较全面，硫氨酸较高和赖氨酸较低，赖氨酸的含量低于大豆饼粕。除铁元素外，其他微量元素所含较少，B 族维生素和维生素 D 含量丰富，缺少胡萝卜素。菜籽饼粕还有较多抗营养因子，有些在加工过程中会水解产生有毒有害物质，不仅适口性差，还会引起消化道、呼吸道疾病，同时还会影响蛋白质吸收，降低营养。减少毒害物质的方法有坑埋、水浸等物理化学方法。菜籽饼粕在饲喂时与其他饲料同时配合饲喂，可以提高利用率。

E. 花生饼粕：蛋白质含量最高可达 48%，有较高的有效能值，但蛋白质氨基酸组成中氨基酸种类及其含量分布不均，所以其蛋白质要劣于大豆蛋白质。花生饼粕中含有高达 12% 的粗脂肪，其中多为不饱和脂肪酸，不易储存，易酸败。除微量元素铁外，其他含量较少。花生饼粕味香，能引起羊的食欲，饲喂效果较好。在贮藏过程中如果发霉会产生黄曲霉毒素，且毒素在加热过程中不会被破坏，易引起中毒，应注意防范。

F. 棉籽饼粕：所含蛋白质较高，但其氨基酸种类和含量与花生饼粕相似，赖、蛋氨酸含量少，而精氨酸含量要高于其他饼粕饲料。因为国产技术有限，在棉籽脱壳时，粗纤维无法得到较好的去除，因此国产棉籽饼粕的粗纤维含量仍然较高。棉籽饼粕中也含有许多抗营养因子，例如单宁、植酸、棉酚等。抗营养因子会对肉羊的育肥产生不良影响，在棉籽饼粕中棉酚的影响最大，在饲喂时会使羊出现中毒情况，影响羊的生长、生产繁殖过程，所以在饲喂时应注意去除棉籽饼粕中的棉酚，常用的物理化学方法是有机溶剂脱毒法和硫酸亚铁法。

以上是蛋白质饲料中的植物性蛋白质饲料，除以上几种饼粕类饲料以外，还有葵花籽饼粕，葵花籽饼粕有与豆类相差不多的饲喂价值，含有较多微量元素和维生素 B，蛋白质含量较高，但是所含粗纤维也较高；胡麻籽饼粕，是由亚麻籽、芸芥籽饼粕组成，所以胡麻籽饼粕中的蛋白质含量、粗纤维、抗营养因子及微量元素维生素含量取决于自身亚麻籽与芸芥籽的含量和比例。芸芥籽饼粕的蛋白质和粗纤维含量均比亚麻籽饼粕高，但亚麻籽饼粕的有效能值比芸芥籽高。

在饲喂植物性饲料时，应注意减少饲料中的抗营养因子以及由抗营养因子引起的有毒有害物质，在贮藏时也应注意饲料的保存，以提高饲料的利用率，获得最大效益。

②非蛋白氮饲料　主要为尿素，其氮的含量很高，大约是蛋白质的 2.9 倍。尿素的价格低，少量的尿素代替蛋白质作为饲料

的补充氮，可以降低成本。因其遇水会产生氨，造成氨中毒，所以饲喂要适量。对于每个时期的肉羊，尿素的饲喂量不同，不宜作为羔羊的日粮。尿素经常与精饲料、干草等饲料混合饲喂。在制作秸秆饲料青贮时也可以添加尿素。尿素忌与大豆、豆饼等饲料搭配使用，因为此类饲料中含有可分解尿素的尿素酶，会使尿素的利用率降低，而且还可能会造成氨中毒，因此尿素的利用存在安全问题，国内外围绕尿素的缓释做了不少研究。

除尿素外，还有其他的非蛋白氮饲料，如液氮、铵盐和氨的水溶液等。液氨和氨的水溶液是作为其他饲料的蛋白质补充料，铵盐在使用时经常与尿素搭配使用，氮的利用率较高。

（3）矿物质饲料 是为肉羊提供矿物质元素的饲料，包括补充钠、钙、磷以及天然矿物质和微量元素等。

A. 食盐：用于补充植物性饲料中缺乏的钠和氯元素，还可以提高饲料适口性。但是饲喂过多的食盐会导致羊中毒，所以应控制食盐饲喂量在饲料的 1% 左右。

B. 钙补充料：主要包括石粉、贝壳粉、蛋壳粉、硫酸钙、乳酸钙和葡萄糖酸钙等。其中，乳酸钙比其他的钙补充料的钙吸收效率高。乳酸钙和硫酸钙会出现潮解，保存时应注意环境干燥。葡萄糖酸钙的价格较高，贝壳粉和蛋壳粉等较便宜。

C. 磷补充料：磷补充料主要有 2 种：磷酸二氢铵和磷酸氢二铵，其中磷的含量均在 20% 以上，主要用于维持饲料中的钙、磷平衡。

除此之外，还有同时补充钙、磷的饲料，主要是骨粉和钙的磷酸盐等。除了补充钙、磷之外，饲料中还需补充硫元素和镁元素。硫的补充料通常是硫酸盐和蛋氨酸，一般日常饲喂时饲料中的硫含量充足，不需补充，一般补充硫是在羊的脱毛期。镁补充料包括硫酸镁、磷酸镁、碳酸镁和氧化镁等，主要是添加于春初放牧的羊饲料中。

5. 饲料添加剂

（1）微量元素添加剂 微量元素中，铁、铜、锰、钴、碘、硒、钼、氟是羊的必需微量元素。微量元素添加剂用于补充和平衡羊必需的微量元素，维持生理功能。

①硫酸铜　　为蓝色晶体，生物活性高，易溶于水。每日每只补饲量应根据不同生理阶段、不同品种的饲养标准和原料中铜的含量而定。补喂铜可提高日增重，但高剂量会引起脂肪氧化酸败，且破坏维生素，使用时应掌握好用量。

②硫酸锌　　有一水盐和七水盐2种。作为动物营养所需锌的补充剂，是动物体内许多酶、蛋白质、核糖等的组成部分。在蛋白质的生物合成和利用中起重要作用。同时，其可与一些维生素和微量元素相互作用，与铜在动物体内有拮抗作用，过量的钙会阻碍锌的吸收和利用。补饲量应根据不同品种、不同阶段的饲养标准和原料中锌的含量而定。

③硫酸锰　　白色结晶，中等潮解性，易溶于水，稳定性高。锰通过酶系统参与碳水化合物、脂肪和蛋白质的代谢，为骨骼生长和维护结缔组织的正常所必需，还参与机体繁殖和免疫反应。缺锰时家畜生长受阻，骨骼畸形，生殖功能异常，产奶少，胎儿弱小且共济失调。每日每只补饲量应根据品种、发育阶段的营养需要及原料中锰的含量而定。

④氯化钴　　钴是维生素 B_{12} 的组成成分，维生素 B_{12} 在促进红细胞形成和蛋白质代谢中起重要作用。补充钴可保证瘤胃微生物对维生素 B_{12} 的合成，防止恶性贫血。补饲量的多少应根据不同品种、不同生理阶段的需求和原料中所含钴的量而定。

⑤碘化钾　　动物体内70%的碘存在于动物甲状腺。缺碘会引起动物甲状腺肿及甲状腺素不足所造成的机体功能异常，无法正常地生长及繁殖，并导致产仔不良、被毛粗劣及虚弱。每日每只所用量根据动物的品种、不同生理阶段的需求而定。

⑥硫酸亚铁　　铁主要参与一些重要酶类的合成和组成。缺铁时动物表现贫血、腹泻，饲料利用率降低，免疫功能降低，还可

能对免疫系统有持久的作用，生长发育不良。硫酸亚铁为羊饲料铁的来源，可预防缺铁症。每日每只补饲量应根据饲养标准和原料的含量而定。

（2）维生素添加剂　维生素分脂溶性维生素和水溶性维生素两大类。脂溶性维生素可溶解于油脂以及溶解油脂的溶剂，常用的有4种：维生素A、维生素D、维生素E、维生素K。水溶性维生素常用的有10种，包括：维生素B_1、维生素B_2、维生素B_3、维生素B_4、维生素B_5、维生素B_6、维生素B_{12}、叶酸、生物素以及维生素C。羊的瘤胃内含有大量的微生物，可以合成某些维生素，一般只需添加维生素A、维生素D、维生素E。

①维生素A　又称视黄醇或抗干眼醇，是一类具有相似结构和生物活性的高度不饱和脂肪醇。一般主要存在于动物肝脏中，维生素A缺乏会导致生长受阻，引起夜盲症。使用时应根据说明中的标示量确定添加量。

②维生素D　又称钙化醇，系类固醇的衍生物。自然界中维生素D以多种形式存在，作为饲料添加剂最重要的是维生素D_2和维生素D_3。一般维生素D主要来源于鱼肝油、鱼肉、肝、蛋黄等。在活的植物体细胞中不含维生素D，但含有丰富的维生素D原。使用时按需要量和说明添加。

③维生素E　又称生育酚，是一组有生物活性、化学结构相近似的酚类化合物的总称。维生素E在动物性饲料中含量极少，仅人和牛的初乳及蛋类中有一定含量。通常主要存在于植物性饲料中，大多数青绿饲料、籽实胚芽、调制良好的青干草等均是维生素E的良好来源。动物体内不能合成维生素E，只能通过外源的供给来满足其生长、生产需要。使用时应按需要量和说明添加。

④维生素K_3　维生素K又称抗出血维生素，是一类甲萘醌衍生物的总称。广泛分布于自然界，总的来说动物性饲料中含量不多，鱼粉、动物肝脏、蛋黄均是主要的动物性来源。大多数绿色多叶

植物富含的维生素 K，一般每克含维生素 K_3 5～10 毫克。谷物类饲料和块根饲料中缺乏维生素 K。使用时按需要量和说明添加。

（3）非营养性饲料添加剂

①生长促进剂　主要作用是刺激禽畜生长，促进禽畜健康，改善饲料利用效率，提高生产能力，节省饲料开支。包括抗生素、抗菌药物、激素、酶制剂等。

②驱虫保健剂　是重要的饲料添加剂，在饲料中按预防量添加，所以应该选择药效高、化学稳定性高、使用剂量小、副作用小、适口性好、经济的药物。

③饲料保存剂　是指抗氧化剂和防霉剂。由于籽实颗粒被粉碎后丧失了种皮的保护作用，暴露出来的内容物极易受到氧化作用和霉菌污染。因而，抗氧化剂和防霉剂一直受到饲料厂家的重视。

④防霉防腐剂　在制作青贮饲料时，为防止霉变和腐败，向其中加入防霉剂，抑制杂菌繁殖，控制贮存期内的 pH 值，同时增加乳酸和含糖量，以利青贮料的发酵。霉变饲料不仅影响饲料的适口性，降低营养价值，降低采食量，而且霉菌分泌的毒素会引起羊尤其是羔羊腹泻，生长停滞，甚至死亡。因此，在潮湿的环境中，应向饲料中添加防霉防腐剂。

⑤其他添加剂　包括着色剂、调味剂以及饲料加工中常用的流散剂和黏合剂。

（二）肉羊的日粮配合

羊的日粮是指一只羊在一昼夜内采食各种饲料的总和，饲料配方是根据饲养标准和饲料营养成分，选择几种饲料按一定比例互相搭配，使其满足羊的营养需要的一种日粮方剂。应用配合饲料有利于节省饲料，提高饲料转化率。配合饲料由饲料按比例进行科学配合而成，由于各营养物质互补和添加剂的调整作用，不仅营养全面、平衡、利用率高，还能增进健康，提高生产率，缩短饲养期，提高出栏率。采用配合饲料，家畜单位增重耗料少、生长快、出栏快，降低成本，提高经济效益。

1. 肉羊日粮配合的原则

①准确计算各种营养物质的数量，特别是必需氨基酸的数量与平衡。有条件的话，最好进行饲料原料的抽样分析，获取所要采用的各种饲料的营养成分。

②注意饲料种类。配合日粮要参考饲养标准和根据实践经验总结，使日粮达到相应的蛋白质、代谢能含量和蛋白质与能量的比例，以及各种必需氨基酸和矿物质元素的含量。任何一种饲料都不能完全符合饲养标准，能量饲料含代谢能高、蛋白质低，蛋白质饲料含蛋白质高，糠麸类饲料含维生素丰富。因此，需要选用多种饲料，才能各取所长，使各种氨基酸更趋平衡，提高蛋白质生物学价值，保证各种营养素的完善，提高饲料的利用率。

③考虑饲料的来源，因地制宜，易于采购、运输和加工，保证满足生产的需要，降低成本。

④注意饲料品质和适口性。发霉、变质的饲料一方面可导致肉羊中毒，影响生长发育，甚至导致死亡；另一方面，如果饲料质量差，配合日粮时又没有进行化验分析，只是按营养价值表推算，配成的日粮就很可能达不到营养要求。

⑤日粮组成要相对稳定。日粮的营养成分与肉羊的生长发育有着直接的关系。经常变换饲料种类和配方，日粮中各种营养成分的含量和比例也会随之改变，影响肉羊的采食量和生长速度。所以，要改变日粮时应逐步过渡，使肉羊逐步适应，特别是从高蛋白质日粮向低蛋白质日粮转变时更应注意。

⑥降低饲料成本，在保证不降低日粮营养水平的条件下，尽可能选择价格便宜的饲料。因为饲料成本占饲养总成本的60%～70%，且耗用数量大。

2. 日粮配制方法　包括电脑配方设计和手工计算法。电脑配

方设计需要相应的计算机和配方软件，通过线性规划原理，在极短的时间内，求出营养全价，并且选出成本最低的最优日粮配方，适合规模化羊场应用。手工计算法包括试差法、百分比法、对角线法等。目前，在日粮配方设计中，试差法是最常用的手算方法。其日粮配制的步骤如下：

①根据营养需要和饲养标准，并结合饲养实践予以灵活运用，确定羊的营养需要量。包括能量、蛋白质、矿物质和维生素等的需要量。

②选择饲料，查出营养价值。

③确定粗饲料的投喂量。肉羊饲料中粗饲料为主体，配合日粮时应合理利用当地的粗饲料资源，粗饲料中最好一半左右是青绿饲料或玉米青贮。一般成年羊粗饲料干物质采食量占总干物质采食量的60%～70%。

④计算精饲料补充料的配方。由精饲料补充粗饲料不能满足的营养成分。日粮配方中，蛋白质、矿物质和微量元素不容易得到满足。在全日粮的基础上，计算出精饲料补充料的配方，计算精饲料配方时可用试差法、十字交叉法或联立方程法进行调整。

⑤检查、调整与验证。上述步骤完成后，将所有饲料提供的养分进行总和。配合日粮中干物质不应超过需要量的3%，能量的供给量为需要量的100%～103%或更多，蛋白质供给量比需要量高出5%～10%，钙、磷比例在1～2：1，所有养分含量不能低于营养需要量的5%或更多。

（三）肉羊的配合饲料

配合饲料是指以动物的不同生长阶段、不同生理要求、不同生产用途的营养需要，以及以饲料营养价值评定的实验和研究为基础，按科学配方把多种不同来源的饲料，依一定比例均匀混合，并按规定的工艺流程生产的饲料。主要包括全价配合饲料、浓缩饲料、精饲料混合料、添加剂预混料。

1. 全价配合饲料　由浓缩饲料配以能量饲料制成。能量饲料多用玉米、高粱、大麦、小麦、麸皮、细米糠、红薯粉、马铃薯和部分动、植物油等为原料。全价配合饲料可呈粉状，也可压成颗粒，以防止饲料组分的分层，保持均匀度和便于饲喂。

2. 浓缩饲料　又称平衡配合料或维生素－蛋白质补充料。由添加剂、预混料、蛋白质饲料和钙、磷以及食盐等按配方制成，是全价配合饲料的组分之一。与能量饲料组成全价配合饲料后方能饲喂，因此配制时必须知道拟搭配的能量饲料成分，以保证营养平衡。

3. 精饲料混合料　由浓缩饲料加能量饲料配成，饲用时要另加大量青、粗饲料。也可由添加剂预混料直接配制全价配合饲料或精饲料混合料。

4. 添加剂预混料　由多种饲料添加剂加上载体或稀释剂按配方制成的均匀混合物。它的专业化生产可以简化配制工艺，提高生产效率。其基本原料添加剂大体可分为营养性和非营养性两类。前者包括维生素类、微量元素类、必需氨基酸类等；后者包括促生长添加物如抗生素等，保护性添加物如抗氧化剂、防霉剂、抗虫剂等，抗病药物如抗球虫药等以及其他激素、酶制剂和着色剂等。添加剂中除含上述活性成分外，还包含一定量的载体或稀释物。由一类饲料添加剂配制而成的称单项添加剂预混料，如维生素预混料、微量元素预混料；由几类饲料添加剂配制而成的称综合添加剂预混料，或简称添加剂预混料。

（四）饲料的加工调制方法

1. 干草　干燥的方法不同，牧草营养成分含有很大的差异。一般常用的方法有自然干燥法和人工干燥法。

（1）自然干燥法　利用日晒、自然风干来调制的干草。自然干燥可分为两个阶段：第一阶段，青草收割后，平铺成薄层，经太阳暴晒使其含水量迅速下降到 38% 左右；第二阶段，尽量减少暴晒的面积和时间，将第一阶段的青草堆成小堆，直径 1.5 米左右，每堆大约 50 千克为宜，当水分含量降为 14% ～ 17% 时堆成大垛。

（2）人工干燥法

①鼓风干燥法　把收割后的牧草压扁，并在田间预干至含水量 50% 时，装在设有通风道的干草棚内，用鼓风机或电风扇等进行常温鼓风干燥。此法可有效降低牧草营养物质的损失。

②高温快速干燥法　将鲜草切短，通过高温气流，使牧草迅速干燥。干燥时间决定于烘干机的种类和型号，在几小时或几分钟，甚至数秒内，牧草的含水量从 80% ～ 85% 下降到 15% 以下，再将干草粉碎，制成干草粉或粉碎压制成颗粒饲料。此法牧草的养分损失较少，但蛋白质和氨基酸会受到一定程度的破坏，高温还可破坏青草中的维生素 C 和胡萝卜素。

2. 秸秆饲料　是农作物收获籽实后残余的茎秆和叶片。其粗纤维含量高达 30% ～ 50%，蛋白质为 2% ～ 8%，粗灰分在 6% 以上。除维生素 D 外，其他维生素的含量均极低，是一类体积大、适口性差、营养价值较低、消化率不高的粗饲料。但是，秸秆饲料的来源广、种类多、数量大、价格低，含有植物光合作用所积累的一半以上的能量，只要进行合理的加工调制，提高其消化能的摄入量，用来饲喂畜禽，特别是用来饲喂牛、羊等反刍家畜，可作为优质饲料源。其加工调制的方法如下：

（1）物理处理法　秸秆饲料经过机械等物理因素处理后，可改变其物理性状、减少浪费和提高家畜的采食量。

①切短　所有秸秆饲料在饲喂之前都应该切短，这样做不但能够减少家畜咀嚼时的能量消耗，而且容易和其他饲料配合利用。切短的程度应视家畜的年龄而定，一般羊为 1.5 ～ 2.5 厘米，老弱病幼畜应更短些。

②碾青 将麦秸或其他秸秆饲料铺在场面上,厚30～40厘米,在其上铺一层同样厚度的营养价值较高、家畜比较喜食的青饲料(以紫花苜蓿等豆科牧草为好),然后在青饲料上再盖一层30～40厘米厚的秸秆饲料,用石碾碾压。此法既提高了秸秆饲料的适口性和营养价值,又减少了青饲料调制成干草的时间和养分损失。

③制浆 先将秸秆饲料切成2～3厘米长的小段,每100千克加入5千克石灰粉,加水拌匀煮沸,然后再加入6～7千克水煮1小时,捞出用清水漂洗,放入120转/分钟的打浆机内打浆,80分钟即可。此法适于加工调制禾本科秸秆饲料,制得的草浆有甜味、易消化。

④蒸煮 此法能够改善秸秆饲料的适口性,软化其中的纤维素。

(2)生物处理法 是利用微生物所产生的纤维素酶来处理秸秆饲料,此法可提高秸秆饲料适口性和营养价值。在生产中,常用人工瘤胃发酵和堆积发酵两种方法加工调制秸秆饲料。其中后者更适合于农户使用,操作步骤如下:

①建造发酵池 发酵池的大小视生产规模而定,一般先挖一个长、宽、深分别为2.2米、2米、0.5米的长方形土坑,然后用砖将坑内壁砌好,用水泥抹平,阴干凝固后备用。

②选购菌种 发酵用菌种主要有乳酸菌、酵母菌,要求含杂菌少、活力强、有益微生物多,应从具有生产能力、信誉良好的厂家购进。

③调制发酵原料 将秸秆饲料切成2～4厘米长的小段或粉碎成细度为0.7～1厘米的粉末,与同等重量的溶有菌种的水(一般每100千克水加入1～2千克菌种,充分搅拌,使其完全溶解;冬季最好用50℃的温水)在发酵池中混合,搅拌均匀,制得的发酵原料以手握成团、触之即散、指缝间有水渗出而不下滴为宜。

④堆积发酵 将调制好的发酵原料在发酵池中松散地堆成30～

50厘米厚的扁平形，插入温度计，上面撒一层3～6厘米厚的秸秆粉，秋、冬季应加盖麻袋等保温物，待温度计温度上升到35～45℃时，上下翻动一下，然后堆积压实，用塑料薄膜密封1～3天即成。

⑤留菌种循环发酵　若要连续堆积发酵，可将上次加工调制好的饲料夏季留5%，春秋季留10%～15%，冬季留20%作为下次进行堆积发酵的菌种，继代发酵数次后，再适时更换新菌种。

（3）化学处理法　是利用碱、酸等化合物处理秸秆饲料。

①氨化　此法加工调制的秸秆饲料适口性和营养价值显著提高，特别是粗蛋白质的含量有所增加。常用的处理方法有堆垛法、窖氨化法、塑料袋氨化法和炉氨化法等，其共同的技术要点是：将秸秆饲料切成2～3厘米长的小段（堆垛法除外），以密闭的塑料薄膜或氨化窖等为容器，以液氨、氨水、尿素、碳酸氢铵中的任何一种氮化合物为氮源，使用占风干秸秆饲料重2%～3%的氨，使秸秆的含水量达到20%～30%，在外界温度为20～30℃的条件下处理7～14天，外界温度为0～10℃时处理28～56天，外界温度为10～20℃时处理14～28天，30℃以上时处理5～7天，使秸秆饲料变软、变香。

②碱化　可有效提高秸秆饲料的营养价值，可供农户选用的加工调制方法如下：

A. 饱和石灰溶液处理法：用4倍于秸秆饲料重的饱和石灰溶液，将秸秆浸泡1～3天，待溶液pH值降至7时就可直接使用。

B. 氢氧化钠溶液浸泡法：用重量为秸秆饲料的8倍、浓度为1.5%的氢氧化钠溶液，将秸秆浸泡1天后，用清水冲洗至中性。

C. 氢氧化钠和生石灰混合处理法：将未切短的秸秆饲料铺成15厘米、20厘米、30厘米厚的不同层次，每铺一层，皆用浓度均为1.5%～2%、重量各半的氢氧化钠和生石灰水混合液喷洒（每100千克秸秆饲料用80～120千克混合液），然后压实，经过7～8天，当秸秆堆内的温度达到35～55℃，秸秆呈现淡绿色或浅棕色并带有新鲜青贮料的气味时即成。

3. 青贮饲料　是指青饲料在密封的青贮窖、塔、壕、袋中，利用乳酸菌发酵，或利用化学制剂，或降低水分而贮存的饲料。青贮饲料具有气味芳香、柔软多汁、适口性好等特点。因此，饲料青贮是调剂青饲料丰歉，以旺养淡，以缺补余，合理利用青饲料的有效措施。

（1）青贮原理　调制常规青贮的基本原理就在于控制饲料中各种微生物的活动。首先，通过充分压实的方法将饲料中的大部分氧气排出，再利用植物细胞的呼吸作用和微生物的活动将残余的氧气耗尽，使其达到厌氧状态。此时，乳酸菌繁殖加快，并将饲料中的糖分分解成以乳酸为主的有机酸。当有机酸积累到一定量时，pH 值降至 3.8～4.2，此时包括乳酸菌在内的微生物受到抑止，生命活动停止，从而使饲料得以长期保存。

（2）青贮的设施及条件

①青贮设施的要求　青贮的场所应选在地势高燥、土质坚硬、地下水位低、靠近畜舍、远离水源和粪坑的地方。青贮建筑物应牢固坚实，不透气，不漏水。袋装青贮多以聚乙烯塑料袋作材料，厚度以 0.08～0.1 毫米为宜。青贮建筑物内壁应光滑平坦，方形建筑物的四角应砌成圆形，不留死角，便于原料装填。青贮窖的内壁要有一定的斜度，上大下小，便于压实。窖的底部应高出地下水位 0.5 米以上。且底部最好有一定的坡度。青贮窖的宽度应小于深度，一般宽、深比以 1：1.5～2 为宜，以利于青贮料依靠本身重量自沉压实。

②青贮建筑物的类型

A. 青贮塔：分全塔式和半塔式 2 种。青贮塔由于取出口较小，深度较大，饲料自重压实程度大，空气含量少，贮存损失小，但建筑费用高，我国仅在大型牧场采用。

B. 青贮窖：有地下式、半地下式和地上式 3 种。通常根据当地地下水位高低决定采用何种形式。青贮窖壁用砖砌成，四周涂抹防酸水泥，使其光滑坚实。窖底应留排水口。青贮窖结构简单，成本低，易推广，但不便于机械化作业。

C. 青贮壕：多建于山坡一侧，底部和四壁最好用水泥抹光。底部向一侧倾斜，以便排水。一般深 3.5～7 米，宽 4.5～6 米，长 10～30 米。青贮壕造价低，有利于机械化作业，但易积水，导致饲料霉烂。

D. 青贮塑料袋：这是近年来新兴的青贮技术，具有省工、投资低、操作简便、贮存地点灵活等优点，特别适合农村养殖户。袋装青贮所用的塑料袋一般为厚度 0.08～0.1 毫米的聚乙烯薄膜。每袋装贮数量依塑料袋的大小而定，一般以每袋 20 天左右喂完为好。装毕后将袋口扎紧，分层放置在棚架上，最上层用重物压住。

（3）青贮饲料调制技术

①适时收割　优质青贮原料是调制优良青贮料的物质基础。短期收割，不但可从单位面积上获得最大营养物质产量，而且水分和可溶性碳水化合物含量适当，有利于乳酸发酵，易于制成优质青贮料。

②切短　青贮原料收割后，应立即运至贮藏地点切短青贮。小批量原料可用铡刀铡短，大规模青贮需用青贮料切碎机切短。大型青贮料切碎机每小时可切 5～6 吨，最高可达到 8～12 吨。小型切草机可达到每小时 250～800 千克。目前，国外及我国部分国有农场已利用青贮玉米联合收获机收获，在地里将割下的玉米直接切碎，由汽车或拖拉机送回直接装入青贮塔（窖）内。

A. 装填：铡短的青饲料应及时装填。装填前，在窖底部先填一层 10～15 厘米厚的切短秸秆或干草，以便吸收多余的青贮汁液。在窖壁四周可铺设塑料薄膜，以加强密封，防止漏气、透水。此外，应根据青贮料含水量多少进行水分调节。特种青贮，应进行添加物的补加混合。装填青饲料时应逐层装入，每次（层）装 20～30

厘米厚，即应踩实，然后再继续装填。高水分原料，添加粗干饲料；难贮原料，添加富含碳水化合物饲料，如糠麸、谷实类等混合青贮时，干粗饲料或糠麸谷实物等亦应与青饲料间层装填，或分层混合青贮。装填时，应特别注意紧实四角与靠壁的地方。边装边踏实，一直装满窖并超出 0.8～1 米为止。长形窖、青贮壕或地面青贮时，可用履带式拖拉机碾压，小型窖亦可用人力或畜力踏实。青贮料紧实程度是青贮成败的关键之一，应适当。

B. 密封：严密封窖，防止漏水透气是调制优良青贮料的一个重要环节。青贮容器密封不好，易进入空气或水分，会造成腐败细菌、霉菌等大量繁殖，使青贮料变质。青贮原料装贮到超过窖口 60 厘米以上时，即可加盖封顶。封顶时先盖一层切短蒿秆或软草（厚 20～30 厘米）或铺盖塑料薄膜，然后再用土覆盖拍实，厚 30～50 厘米，并做成馒头形，以利排水。

C. 管理：青贮窖（壕）密封后，为防止雨水渗入窖内，在距离窖四周约 1 米处应挖沟排水。以后应经常检查，窖顶有裂缝时，应及时覆土压实，防止漏气，防止雨水淋入。

D. 启封：经过 20～30 天的青贮发酵，即可开窖启用。为了保证青贮饲料的品质，防止氧化变质，从开窖时的一侧剖面开启。从上到下，随用随取，切忌一次开启的剖面过大，否则容易导致二次发酵。开启后，从窖中的饲料必须连续取用，中间间隔时间长时，应在取用完毕后封窖。

E. 二次发酵的预防：发酵完成后，由于开窖后剖面过大，大量空气进入窖内，导致需氧性微生物如霉菌、酵母菌等的繁殖，饲料温度上升，最后霉烂变质，这种现象称之为二次发酵。避免二次发酵的主要措施就是严格按照青贮操作规程选择原料、压实、密封、随用随取。

三、肉羊各阶段的饲养管理

（一）羔羊的饲养管理

羔羊是指从出生到断奶（一般 4 个月）的小羊。羔羊的饲养管理是整个肉羊生产过程中的一个重要环节，它决定了羔羊成活率的高低以及整个产业的经济效益。

1. 尽早吃上初乳　羔羊出生后，首先让羔羊在出生后 1 小时内吃上初乳。初乳是指母羊分娩 1～3 天分泌的乳汁，初乳中含有丰富的蛋白质、脂肪、矿物质等营养物质和抗体，对提高羔羊的体质、排出胎粪等有重要的作用。对出生弱羔或母性不强的母羊所产羔羊，需要人工辅助羔羊哺乳。对意外死亡母羊的孤羔应找保姆羊寄养或人工哺喂。人工哺乳时要注意清洁卫生，定时、定量和定温（35～39℃），防止大肠杆菌感染。

2. 训练羔羊吃草，加强补饲　补饲是为了锻炼羔羊的胃肠功能，尽早建立采食行为。羔羊出生 15～20 天后，可以训练吃草料，尽早训练吃草料有利于促进羔羊消化器官尤其是瘤胃的生长发育，以及促进心肺功能的健全。羔羊喜食幼嫩的豆科干草或嫩枝叶，可在羊圈内安装羔羊补饲栏，将切碎的幼嫩干草、胡萝卜放在食槽里任其采食。20 天后开始训练吃混合精饲料。一般要求混合精饲料中粗蛋白质含量在 15% 以上，并注意供给优质易消化、适口性好的蛋白质饲料，粗纤维含量不超过 6%，同时还要补钙和补磷。精饲料的组成可为粉碎的玉米、小麦、麸皮、豆饼、食盐等。初喂饲料应质地疏松，易于消化，可先炒熟后粉碎，提高适口性，不可喂饲豆类以及脂肪含量高的饲料，以免引起消化不良。为使羔羊更好地利用淀粉，可在混合精饲料中加入少量麦芽，以促进淀粉糖化。待全部羔羊都会吃料后，转入定时定量饲喂，喂料量由少到多，少给勤添。20 日龄后用小盆盛些清洁饮水放在运动场上让羔羊自由饮用。从1月龄起，除随母羊放牧外每只每天补饲精饲料25～50克、食盐1～2克、骨粉3～5克，青干草自由采食。羔羊50日龄后，随着母羊泌乳逐渐减少,羔羊进入增料阶段,对蛋白质需要逐渐转入补喂的草料上，此时在日粮中应注意补加豆饼、鱼粉等优质蛋白质饲料，以利羔羊快生长、多增重。

　　3. 适量运动及放牧　　羔羊喜欢运动，运动能促进身体健康。羔羊出生1周龄后，母羊就可以外出放牧，但羔羊还应留在圈舍，若天气暖和、晴朗，羔羊可以在舍外自由活动，晒晒太阳，也可以放入塑料大棚内活动。等羔羊20日龄后，可随母羊一道放牧。羔羊1月龄以后，就逐渐变为以采食饲料为主。

　　4. 搞好舍内环境卫生　　羔羊的抵抗力差，出生后1周最容易发生消化道疾病。舍内忽冷忽热，阴暗潮湿，空气污浊等不良的生活环境都可以引起羔羊的各种疾病。因此，要搞好环境卫生，保持地面干燥，及时更换垫料，舍内温度一般保持在5℃左右为宜，过高或过低都会使羔羊感到不舒服，圈舍要通风，但要防止贼风侵袭。同时，羔羊的运动场和补饲场也要保持清洁卫生，防止羔羊乱啃食、乱舔而引起疾病，造成不必要的损失。

　　5. 适时断奶　　羔羊正常断奶时间一般不超过4月龄，羔羊出生40天以后，母羊的泌乳量逐渐减少,羔羊对母乳的依赖性也减弱,适时断奶有利于母羊体况和繁殖功能的恢复，提高繁殖率，也能锻炼羔羊独立生活。管理精细、饲养条件较好且对羔羊进行早期补饲的养殖户也可在羔羊1.5～2月龄时进行断奶。断奶时为减轻断奶对羔羊的应激，羔羊最好留在原圈，将母羊移到其他圈饲养，不再合群，经过4～5天断奶即可成功。断奶后1周内，要注意母羊和羔羊的表现,防止母羊乳房炎的发生。断奶后羔羊应按性别、强弱合理分群饲养。

（二）育成羊的饲养管理

　　育成羊是指羔羊断奶后到第一次配种的公、母羊。由于各品种肉羊的性成熟期不同，饲养方式和日粮营养水平不同，肉羊育成期的时间范围也有很大的差异，多在5～18月龄。育成期阶段，肉羊生长发育非常快，其机体各组织器官也逐步接近成年状态，性功能活动也逐渐开始，这一阶段主要表现特点是骨骼和肌肉生长迅速，消化器官和生殖器官发育完善，日增重也逐渐上升，其初配体重一般达到成年体重的70%左右。育成羊对营养物质要求高，不仅数量多，而且质量要好。若此时营养供应不足，不仅会影响到育成率，成熟期也会推迟，并形成四肢高、体躯狭窄、体型发育不良等缺陷，其个体品质和生产性能也会受到影响，严重时失去种用价值，直接影响到羊场的经济效益。育成羊在管理时，应按性别单独组群，夏季放牧时，要安排好草场，放牧时控制羊群，羔羊断奶不要与断料同时进行，断奶后需要继续补喂一段时间的饲料。在冬、春季节，除放牧外，还应适当补饲青贮饲料、块根块茎饲料、补饲干草和保障充足的饮水等。

（三）种公羊的饲养管理

种公羊种用价值高，对后代影响大，对提高羊群的生产力起着重要的作用，因此在饲养管理上要高度重视。种公羊的基本要求是，体质结实，性欲旺盛，精力充沛，精液品质好，精子活力高，常年保持中等以上的膘情。在饲养上，应根据种公羊的饲养标准合理搭配日粮，饲料来源要多样化，日粮中富含丰富的蛋白质、维生素和矿物质，日粮中要有一定数量的青绿饲料或块根块茎类的饲料，要求日粮要品质优良、适口性好、体积小、易消化。在管理上，要求种公羊和种母羊分开饲养，单独组群，避免乱交配引起系谱不清或近亲繁殖的现象发生。种公羊每日要保证充足的运动量。采用"放牧＋补饲"的饲养方式，放牧时应选择优良的牧场，补充全价的日粮。

依据种公羊是否配种及营养需要特点，可将种公羊的饲养阶段分为配种期和非配种期 2 个阶段：

1. 非配种期饲养管理　在非配种期，种公羊虽然没有配种的工作，但也要加强饲养管理工作。除供应充足的热能外，蛋白质、矿物质和维生素的含量也应注意补充，保证适当的运动量。夏季主要以放牧为主，一般不需补饲。冬季和早春时期，除放牧外，每天还要补充适量的能量饲料、混合精饲料、块根块茎饲料、食盐、骨粉，并供给适量的优质干草。

2. 配种期饲养管理　配种期包括配种预备期（1～1.5 个月）、配种期和配种后期（1～1.5 个月）。在配种预备期时，就应加强种公羊的营养，在一般的饲养管理上，增加精饲料的喂给量，并提高蛋白质饲料的含量，按配种期的 60%～70% 给量，种公羊在配种预备期间，采精 10～15 次，检查精液的品质，精液弃之不用。开始采精时，1 周采精 1 次，之后 1 周 2 次，再后 2 天 1 次。到配种时，每天采精 1～2 次，成年种公羊每日最多采精 3～4 次。采精次数多者，两次采精间隔时间不少于 2 小时。配种期日粮水平要求较高，日喂混合精饲料 1.2～1.4 千克，青干草自由采食，鸡蛋 2～3 枚，胡萝卜 0.5～1.5 千克，食盐 15～20 克，骨粉 5～10 克，饮水 3～5 次。配种体力消耗大，需要有一定阶段的复壮时间。配种后期，按照日粮标准和饲养制度逐渐过渡，增膘复壮，恢复体力。

（四）繁殖母羊的饲养管理

繁殖母羊的饲养是发展养羊业的基础，其饲养的好与坏，直接关系到养羊业的成败。对繁殖母羊，要求长年保持良好的饲养管理条件，以完成配种、妊娠、哺乳和提高生产性能等任务。根据繁殖母羊不同生理时期对营养需要的特点，对繁殖母羊应分别做好空怀期、妊娠期及哺乳期的饲养管理。

1. 空怀期饲养管理　空怀期母羊的饲养管理相对比较粗放，

其日粮供给通常略高于维持日常需要的饲养水平即可，一般不补饲或只补饲少量的干草。但是，由于年龄、胎次、带羔的数量和时间长短等因素的影响，母羊的体况差异很大。而后备青年母羊在发情配种前仍处于生长发育的阶段，需要供给较多的营养，泌乳力高或带双羔的母羊，在哺乳期内的营养消耗大、掉膘快、体况弱，必须加强补饲，以尽快恢复母羊的膘情和体况。

羔羊适时断奶是这一时期的关键，断奶过早，羔羊生长发育将受到影响；断奶过迟，母羊的体况在短时间内不容易恢复。因此抓好适时断奶时间的同时，采取在优质牧地放牧，并适时喂盐，满足饮水等措施，为配种妊娠储备营养。只有在膘情良好的情况下，才能提高发情率和受胎率。除放牧外，还要适当补饲，每日喂混合精饲料 0.1～0.2 千克，可以提高催情的效果，有利于大群母羊的整体发情，按时完成配种任务。

2. 妊娠期饲养管理　妊娠期可分为妊娠前期和妊娠后期 2 个阶段，大约 5 个月。妊娠前期，即妊娠前 3 个月，其特点是胎儿增重较缓慢，所需营养与空怀期基本相同。夏秋季节，妊娠前期母羊的饲养一般以放牧为主，不补饲或少量补饲精饲料。在冬春季节应补些精饲料或青干草。

妊娠后期，即妊娠期的后 2 个月，此时胎儿生长迅速，妊娠期胎儿增重的 80%～90% 是在此阶段完成的。因此，这一阶段需要给母羊提供营养充足、全价的饲料。如果此期母羊营养不足，母羊体质差，会影响胎儿的生长发育，导致羔羊初生重小，被毛稀疏，生理功能不完善，体温调节能力差，抵抗力弱，极易发生疾病，羔羊成活率低。此时，母羊除放牧外，还需补饲一定的混合精饲料和优质青干草。根据母羊放牧采食情况，每天可补精饲料 0.45 千克，青干草 1～1.5 千克，青贮料 1 千克，胡萝卜 0.5 千克。

在母羊的妊娠期管理上，前期要防止发生早期流产，后期要防止母羊由于意外伤害发生早产。应避免羊群采食冰冻饲料和发霉变质饲料，饮不清洁饮水；防止羊群受惊吓，不能紧追急赶，出入圈时严防拥挤；要有足够数量的草架、料槽及水槽，防止饮饲时拥挤造成流产。母羊在预产期前 1 周左右，可放入待产圈内饲养，适当进行运动。

3. 哺乳期饲养管理　在传统养羊生产中，羔羊的哺乳期为 3 ～ 4 个月，可分哺乳前期和哺乳后期 2 个阶段。哺乳前期即哺乳期前 2 个月，母乳是羔羊的主要来源。母乳量多、充足，则羔羊生长发育快，体质好，抗病力强，存活率就高；反之，对羔羊的生长发育不利。因此，必须加强哺乳前期母羊的饲养管理，促进其泌乳。母羊的哺乳前期一般正处于早春枯草期，放牧条件差，单靠放牧不能满足母羊泌乳需要，必须对其补饲草料。补饲量应根据母羊体况及哺乳的羔羊数而定。产单羔的母羊每天补精饲料 0.3 ～ 0.5 千克，青干草 1 千克，多汁饲料 1.5 千克。带双羔母羊每天补精饲料 0.4 ～ 0.6 千克，青干草 1 千克，多汁饲料 1.5 千克。

产羔后 1 个月左右，母羊的泌乳量达到高峰，2 个月以后逐渐下降。此时羔羊的生长发育强度大，增重快，对营养物质的需求增多，单靠母乳已不能完全满足羔羊的营养需要。同时，2 月龄以上羔羊的胃肠功能已趋于完善，对母乳的依赖性下降，可以利用一定的优质青草和混合精饲料，母羊的泌乳也进入了后期。对哺乳后期的母羊，应以放牧为主、补饲为辅，逐渐取消精饲料补饲，以补喂青干草而代之。母羊的补饲水平要根据母羊的体况做适当的调整，体况差的多补，体况好的少补或不补。羔羊断奶后，可按体况对母羊重新组群，分别饲养，以提高补饲的针对性和效果。

（五）育肥羊的饲养管理

根据不同的饲养标准，肉羊育肥的方式不同，一般育肥的方式可分为：放牧育肥、舍饲育肥和放牧舍饲结合育肥。

1. 放牧育肥 是我国牧区常用的肉羊育肥方法。通过放牧让肉羊充分采食各种牧草和灌木枝叶，以较少的人力、物力获得较高的增重效果。

放牧育肥的技术要点是：

第一，选择、培养、合理利用放牧的草场。根据羊的种类和数量，选择适宜的放牧地，育肥绵羊宜选择地势较平坦、以禾本科牧草和杂类草为主的牧场放牧；育肥山羊宜选择灌木丛较多的山地草场。要充分利用夏秋季天然草场牧草和灌木枝叶生长茂盛、营养丰富的时期搞好放牧育肥。放牧条件允许时，应按地形划分成若干小区实行分区轮牧，每个小区放牧 2～3 天后再移到另一个小区放牧，使羊群能经常吃到鲜绿的牧草和枝叶，同时增加了牧草和灌木再生的机会，有利于提高产草量和利用率。

第二，加强放牧管理，提高育肥效果。放牧育肥的肉羊要尽量延长每天放牧的时间。夏秋时期气温较高，要做到早出牧、晚收牧，每天至少放牧 12 小时以上，甚至可以采用夜间放牧，让肉羊充分采食，加快增重长膘。放牧过程中尽量减少驱赶羊群，使羊能安静采食，减少体能消耗。中午阳光强烈气温过高时，可将羊群驱赶到背阴处休息。

第三，适当补饲，提高育肥效果。夏秋季雨水较多，牧草含水分较多，干物质含量相对较少，单纯依靠放牧有时不能完全满足肉羊快速增重的要求。为了提高育肥效果，缩短育肥期，增加出栏体重，在育肥后期要适当补饲精饲料，每只羊每天补饲混合精饲料 0.2～0.3 千克，补饲期约 1 个月，肉羊经育肥后，可以明显提高产肉量，改善胴体品质。

2. 舍饲育肥 即把育肥羊养在羊舍内，喂给营养丰富的育肥饲料，使其在较短的时间内较快地增重。舍饲育肥是缺少放牧条件的农区常用的育肥方式，也是工厂化专业肉羊生产的主要方法，其优点是增重快、饲料转化率高、肉质好、经济效益高。按照肉羊饲养标准配制日粮，可以决定育肥程度，缩短育肥期，提高肉羊的胴体品质。舍饲育肥的羊舍可以建造成简易的半开放式羊舍，或利用旧房改造，并应备有草架和饲槽等用具。舍饲育肥的关键是合理配制与利用育肥饲料。育肥饲料由青粗饲料、农副业加工副产品和精饲料补充料组成，常见饲料有干草、青草、树叶、作物秸秆，各种糠、糟、油饼、食品加工糟渣等。育肥期2～3个月。育肥初期以青粗饲料为主，占日粮的 60% ～ 70%，精饲料占 30% ～ 40%；育肥后期要加大精饲料使用量，占日粮的 60% ～ 70%。为了提高饲料的消化率和利用率，各种饲料要进行必要的加工，秸秆饲料可进行氨化处理等，精饲料要进行粉碎混合，有条件的可加工成颗粒饲料。育肥过程中，青粗饲料要任羊自由采食，混合精饲料可分为上、下午 2 次喂给。与放牧育肥相比，相同月龄的屠宰羔羊，可提高活体重 10%，胴体重 20%。育肥时间过短，增重效果不明显；时间过长，后期肉羊体内脂肪积蓄过多，不符合市场要求，饲料报酬降低，效果也不好。育肥饲料中要保持一定量的蛋白质，可以补饲尿素。补饲尿素的数量应不超过饲料干物质总量的 2%，过多则易引起尿素中毒。

3. 放牧舍饲结合育肥　是一种将放牧与补饲相结合的肉羊育肥方式，我国农村有条件的地方可采用这种方式。其既能利用现有的自然资源进行育肥，又可利用各种农副产品及部分精饲料进行后期催肥；既节省了饲料开支，又提高了育肥效果。一些老残羊和瘦弱的羯羊在秋末集中 1 ～ 2 个月舍饲育肥，利用粗饲料、农副产品和少许精饲料补饲催肥，也是一种成本较低、经济效益较高的育肥方式。

注意不要经常变换饲料种类和饲料类型，在变换饲料时要有 6 ～ 8 天的过渡期，逐渐替换。圈舍应清洁干燥卫生，挡风避雨，空气良好，同时要定期清扫和消毒，保持圈舍安静。勤于观察羊群，定期检查，一旦发现异常情况，应及时治疗。做好疫苗免疫工作，注射四联疫苗，预防肠毒血症发生。在圈舍潮湿的环境中，要勤换垫草，预防寄生虫和腐蹄病的发生。

第四章 消毒和免疫技术

一、消毒技术

（一）消毒的概念及意义

1. 消毒 是利用物理、化学或生物学方法清除或杀灭外界环境中的病原微生物及其他有害微生物，从而达到无害化的过程。消毒的含义：一是清除或杀灭病原微生物和有害微生物，不是清除或杀灭所有微生物和芽胞、孢子；二是仅要求将病原微生物和有害微生物减少到无害的程度，并不要求所有有害微生物全部杀灭。消毒剂是指能杀灭病原微生物和有害微生物的药物。消毒是预防动物传染病发生、控制疫情、扑灭传染病，保障养殖业生产健康发展的关键措施。消毒又分为以下几种：

（1）预防性消毒 众所周知，动物群体无时无刻不在排污，在污物中也时时存在着病原微生物和有害微生物向外界环境扩散。因此，必须结合平时的饲养管理对动物圈舍、场地、用具、排泄物和污物、污水等进行定期的消毒或无害化处理。即使在屠宰加工场所和动物交易场所也应该进行定期消毒，以达到预防疾病的发生和阻止有害微生物危害的目的。预防性消毒通常 1～3 天进行 1 次，每 1～2 周还要进行 1 次大规模消毒。

（2）临时性消毒 在疫情发生期间，当传染病暴发之初，在对疫点采取封锁、隔离同时进行的紧急消毒措施称为临时性消毒。这种消毒措施愈严密、愈彻底、愈全面（圈舍、场地、器具、物品、污物、水源、车辆等），则效果愈明显，可有效地消灭传染源排出散播在外界环境中的病原微生物，可有效地控制疫情的蔓延，把疫情控制在最小范围内，尽快控制和扑灭疫情。紧急时期的临时性消毒应反复进行多次，患病动物的隔离圈舍应1天消毒2次或随时进行消毒。

（3）终末性消毒　对疫点、疫区内可能残存的病原体进行全面彻底的消毒是重建健康生产群的必备条件之一。在患病动物解除隔离、痊愈或死亡后，或在疫点、疫区解除封锁之前进行的全面、彻底的大规模消毒称为终末性消毒。在对疫点、疫区的疫情扑灭，经终末性消毒验收合格后方可宣布解除封锁。

2. 消毒的意义　众所周知，传染病严重危害养羊业发展，它不仅引起羊的大批死亡，影响养羊的经济效益，而且某些人、羊共患的传染病还严重威胁人的健康，影响公共卫生。传染病的发生必须具备三个基本环节传染源、传播途径和易感羊群。消毒的目的就是杀灭或清除传染源排到外界环境中的病原微生物，切断流行过程的连续性，阻止羊传染病的发生和传播。

（1）有效防止传染病的发生和传播　在传染病防治上，羊场消毒的作用环节主要是传播途径。传染病的传播途径，是指病原微生物从传染源排出后侵入新的动物体的过程中，在外界环境停留、转移所经历的过程。不同的传染病，传播途径不尽相同，消毒工作的重点也就不同。如经消化道传播的传染病，是通过被病原微生物污染的饲料、饮水、饲养工具等传播。搞好环境卫生，加强饲料、饮水和工具等的消毒，在预防此类传染病上有重要的作用。经呼吸道传播的传染病，患病羊在呼吸、咳嗽、喷嚏时将病原体排入空气中，并污染环境物体的表面，然后通过飞沫和空气传播给健康羊。预防这类传染病，对污染羊舍内的空气和物体表面进行消毒，则具有重要的意义。一些接触性的传染病，主要是病羊和健康羊的直接接触传播，控制这类传染病，可通过对动物的皮肤黏膜和有关工具的消毒来预防。某些虫媒传染病是昆虫和节肢动物传播的，这类传染病的预防应采取杀虫等综合性措施。

（2）控制羊群的感染和发病　目前，已知的病原微生物除了能引起羊的传染病以外，尚有相当一部分由病原微生物本身或其毒素引起的疾病未包括在内，如外科感染、肿瘤、泌尿系统感染、神经系统感染等。这些疾病虽然没有明确的传染源，但其病原体都来自外界环境、身体表面或天然孔道等，为预防这类感染和疾病的发生，对外界环境、羊只体表及天然孔，生产和兽医诊疗的各个环节采取预防性消毒措施，也是非常必要的。当这些疾病发生时，对病羊排出的病原体更应彻底地进行消毒处理。

（3）保护养羊业的健康发展　传染病对养羊业造成的经济损失是十分巨大的，有些传染病如羊炭疽、羊快疫等，可引起羊群的毁灭性死亡。有些羊的传染病死亡率虽不高，但能使羊的生长发育迟滞，生产性能降低，同样给养羊业造成严重的损失。因此，做好消毒工作，采取综合性防制措施，预防和控制羊的各种传染病，对减少因传染病的发生和流行所造成的经济损失，保护养羊业生产的健康发展，提高养羊业的经济效益有着极其重要的作用。

（4）保障人民身体健康　人、羊共患传染病一方面给养羊业造成危害，另一方面严重地影响人类健康。只有做好消毒工作，加强自身保护，就可以大大减少感染的机会，保证身体健康。

（二）消毒的种类与方法

羊场消毒常用的方法，归纳起来大致可分为三大类：物理消毒法、化学消毒法和生物学消毒法。

1. **物理消毒法**　是指用物理因素杀灭或消除病原微生物及其他有害微生物的方法。其特点是作用迅速，消毒物品上不遗留有害物质。常用的物理消毒方法有：自然净化、机械除菌、热力灭菌和紫外线辐射等。其中，有良好灭菌作用的方法是热力消毒灭菌。

（1）自然净化　是指污染的大气、地面、物体表面和水中的病原微生物，不经人工消毒也可逐步达到无害化的过程。自然净化的有关因素为日晒、风吹、干燥、温度、pH值的变化等。自然净化虽不属于人工消毒，但具有一定的消毒作用。

（2）机械除菌　是单纯用机械的方法除去病原体。如羊舍的清扫和洗刷，饲槽的洗涤，羊体的刷拭等。随着污物的除去，也清除了大量的病原微生物。但此法只能使病原微生物减少，不能达到彻底消毒的目的，所以要配合其他的消毒法进行。机械除菌时间应依传染病和病原微生物的特性而定。当病原微生物对执行人员有危害时，应先对清扫对象进行消毒，多采用湿式清扫法，即在清扫前先用清水、草木灰水或3%来苏儿溶液喷洒地面，以免病原微生物随着尘土飞扬。如羊舍、车辆必须消毒时，先洒消毒液或清水，打扫干净后，再用其他方法如化学消毒法进行消毒，这样才能达到彻底消毒的目的。

（3）热力消毒　是最实用和有效的消毒方法，可分为干热法和湿热法2种。干热法包括干燥、烧灼、焚烧；湿热法包括煮沸、流通蒸汽、低热消毒、间歇灭菌、高压蒸汽灭菌等方法。

（4）紫外线消毒　只能杀死大多数的病原微生物，同时，由于紫外线穿透力不强，不能穿透普通玻璃。尘埃、水蒸气均能阻挡紫外线。因此，只能用于消毒空气和物体的表面。

2.化学消毒法　是指用化学药物进行消毒的方法。化学消毒法使用方便，不需要复杂的设备，但某些消毒药品有一定的毒性和腐蚀性。为保证消毒效果，减少毒副作用，须按要求的条件和说明书上推荐的方法和浓度进行使用。

（1）理想消毒剂条件　具有消毒作用的药品称为化学消毒剂。理想的化学消毒剂具备的条件为：作用速度快，有效浓度低，杀菌谱广，性质稳定，易溶于水，可在低温下使用，不易受有机物、酸碱及其他理化因素的影响，无色、无味、无臭，对物品无腐蚀性，消毒后易于除去残留药物，毒性低，不易燃烧爆炸，使用无危险性，价格低廉，可以大量生产供应，便于运输。实际上完全理想的消毒剂还很少，同一种消毒剂不可能适用各种病原微生物和所有的物品。因此，在进行消毒时，需要根据消毒的目的和消毒对象的特点，选用合适的消毒剂。

（2）消毒剂的分类　按照使用方式可分为液体消毒剂、气体消毒剂和固体消毒剂。最常用的是液体消毒剂。按照其作用水平分为高、中、低效三类，这样分类便于根据消毒目的选择合适的消毒剂。高效消毒剂可以杀灭一切微生物，包括细菌繁殖体、细菌芽胞、真菌、病毒，这类消毒剂可以用作灭菌剂，例如甲醛、戊二醛、过氧乙酸、环氧乙烷、有机氯化合物等；中效消毒剂除不能杀灭细菌芽胞外，可杀灭其他各种微生物，例如乙醇、酚、含氯消毒剂、碘制剂等；低效消毒剂可杀灭细菌繁殖体、真菌和亲脂病毒，但不能杀灭细菌芽胞、结核杆菌和亲水病毒，例如新洁尔灭、洗必泰等。

根据化学结构，常用的消毒剂分为以下 11 类：

①醛类　如甲醛、戊二醛等。醛类消毒剂是高效消毒剂，其气体和液体均有较大的杀灭微生物作用。

②烷基化气体消毒剂　常用的为环氧乙烷，也是高效消毒剂，可杀灭各种微生物。

③含碘化合物　常用含碘消毒剂有各种游离碘制剂、碘仿等。大多数为中效消毒剂，常用于皮肤、黏膜消毒。

④酚类　包括苯酚（又称石炭酸）、甲酚、甲酚溶液（又称来苏儿）等，这类消毒剂大多数有中等水平的消毒作用，可杀灭繁殖体型微生物，但不能杀灭芽胞。常用于浸泡消毒和皮肤黏膜的消毒。

⑤醇类　在醇类化合物中，最常用的是乙醇。醇类是中效消毒剂，可杀灭繁殖体型微生物，但不能杀灭芽胞。这类消毒剂的

作用比较快，常用于皮肤和诊疗器械的涂擦消毒。

⑥季铵盐类消毒剂　这类化合物是阳离子表面活性剂，常用的有新洁尔灭、消毒净等。其对细菌繁殖体有广谱杀灭作用，作用快而强，毒性较小，但属于低效消毒剂，不能杀灭结核杆菌、细菌芽胞和亲脂病毒。常用于皮肤黏膜和外环境的消毒。

⑦酸类和脂类　常用的有乳酸、醋酸、水杨酸等。这类化合物虽有杀菌和杀真菌作用，但作用弱，属于低效消毒剂。

⑧过氧化物类　常用的有过氧乙酸、过氧化氢、臭氧3种，均为高效消毒剂。

⑨二胍类　是一种低效消毒剂，虽然对细菌的繁殖体杀灭作用较大，但不能杀灭细菌芽胞、分枝杆菌。常用的有洗必泰等。常用于皮肤黏膜消毒，也可消毒物体表面。

⑩金属制剂　用于消毒的金属类制剂有汞盐、有机汞类、银制剂和铜盐等，这类化合物多用于皮肤黏膜的消毒和防腐。

⑪其他消毒剂　常用的有高锰酸钾、碱类、染料类等，属于高效消毒剂，常用于环境等消毒。

3.生物学消毒法　是利用某些生物消灭致病微生物的方法。特点是作用缓慢，效果有限，但费用较低。多用于大规模废弃物及排泄物的卫生处理。常用的方法是生物热消毒技术和生物消毒技术。

（三）消毒的操作

由于羊场的高度集约化生产，消毒防疫工作就显得更加重要。羊场消毒主要包括羊舍的消毒、粪便的消毒、土壤的消毒、兽医诊疗室和诊疗器械的消毒以及水、空气的消毒等。

1.羊舍的消毒　羊舍一般每月消毒1次。此外，在春秋季节或羊出栏后应对羊舍内、外进行彻底的清扫和消毒。

（1）清扫或刷洗　机械清扫是搞好羊舍环境卫生最基本的一

种方法，清除了污物，大量的病原微生物也同时被清除。据试验，采用清扫方法，可使羊舍内的细菌数减少20%左右；如果清扫后再用清水冲洗，则细菌数可减少54%～60%；清扫冲洗后再用药物喷洒，细菌数可减少90%左右。为了避免尘土及微生物飞扬，清扫时应先用水或消毒液喷洒，然后对羊舍进行清扫，清除粪便、垫料、剩余饲料、墙壁和顶棚上的蜘蛛网、尘土等。扫除的污物集中进行烧毁或生物热发酵。污物清除后，如是水泥地面，还应再用清水进行洗刷。

（2）消毒药喷洒或熏蒸　羊舍清扫、洗刷干净后，即可用消毒药进行喷洒熏蒸。喷洒消毒时，消毒液的用量是每平方米1升，泥土地面、运动场可适当增加。消毒时应按一定的顺序进行，一般从离门远处开始，以地面、墙壁、棚顶的顺序喷洒，最后再对地面喷洒1次。喷洒后应将羊舍门窗关闭2～3小时，然后打开门窗通风换气，再用清水冲洗饲槽、地面等，将残余的消毒剂清除干净。另外，在进行羊舍消毒时，也应将羊舍附近以及饲养用具等进行消毒。羊舍消毒常用的消毒液有20%石灰乳、5%～20%漂白粉溶液、30%草木灰水、1%～4%氢氧化钠溶液、3%～5%来苏儿、4%甲醛溶液等。应用福尔马林（40%左右甲醛）熏蒸消毒羊舍，按每立方米空间用福尔马林25毫升、水12.5毫升、高锰酸钾25克进行。消毒过程中应保持羊舍密闭，经12～24小时后打开门窗通风换气。当急需使用羊舍时，可用氨气来中和甲醛气体。消毒时应将羊舍内的用具、饲槽、水槽、垫料等物品适当摆开，以利于气体穿透。此外，在羊场及羊舍门口应设消毒池（槽），里面盛放2%氢氧化钠溶液或5%来苏儿溶液和草包，以便人、车进出时进行鞋底和轮胎的消毒。消毒池的长度不小于轮胎的周长，宽度与门宽相同，池内的消毒液应注意添换，使用时间最好不超过1周。

2. 粪便的消毒

患有传染病的羊，排出的粪便中含有大量的病原微生物和寄生虫卵，如不进行消毒处理，直接作为农业肥料，往往成为传染源。因此，必须对羊粪进行严格的消毒处理。

（1）掩埋法　将粪便与漂白粉或新鲜的生石灰混合，然后深埋于地下，一般深度在 2 米左右。此种方法简单易行，但病原微生物有经地下水散布的危险，且损失大量的肥料，故很少采用。

（2）焚烧法　此法是消灭一切病原微生物最有效的方法，但大量焚烧粪便显然是不合适的。因此，只用于消毒患烈性传染病羊的粪便。具体做法是：挖一个深 0.75 米、宽 0.75 米、长 1 米的坑，在距坑底 0.4～0.5 米处加一层铁炉底（炉底孔密些比较好，否则粪便会漏下）。如果粪便潮湿，可混合一些干草，以利燃烧。这种方法需要很多燃料，且损失有用的肥料，故非必要时，很少采用。

（3）化学消毒法　适用于粪便消毒的化学消毒剂有漂白粉或 10%～20% 漂白粉液、0.5%～1% 过氧乙酸、5%～10% 硫酸苯酚合剂、20% 石灰乳等。使用时应注意搅拌，使消毒剂浸透混匀。由于粪便中的有机物含量较高，不宜使用凝固蛋白质性能强的消毒剂，以免影响消毒效果。这种方法操作麻烦，且难以达到彻底消毒的目的，故实际生产中也不常用。

（4）生物热消毒法　是粪便消毒最常用的消毒方法。应用这种方法既能杀灭粪便中非芽胞性病原微生物和寄生虫卵，又不失去粪便作为肥料的应用价值。羊粪常用堆积的方法进行生物热发酵，在距人、羊的房舍、水池和水井 100～200 米，且无斜坡通向任何水池的地方，挖一宽 1.5～2.5 米、深 0.2 米的坑，坑底为棱柱形或锅底形，长度视粪便量的多少而定。先将传染性的粪便或干草堆至 0.25 米高，其上堆积欲消毒的粪便、垫草等，高 1～1.5 米。然后在粪堆外面再堆上 0.1 米厚的非传染性粪便或谷草，并抹上 0.1 米厚的泥土。如此密封发酵 2～4 个月，即可用作肥料。另外，还可把生物热发酵与生产沼气结合起来处理粪便，这样既达到了消毒粪便的目的，又可充分利用生物热能。

3. 土壤的消毒 在自然界中，土壤是微生物的主要存在场所，1 克表层泥土可含微生物 $1 \times 10^7 \sim 1 \times 10^9$ 个。土壤中的微生物数量、类群，依土层深度、有机物的含量、温度、湿度、pH 值、土壤种类而有所不同，一般以 10～20 厘米的浅层土壤中的微生物最多。土壤中的微生物种类有细菌、放线菌、真菌等，其中细菌含量较多。病原微生物常随着病人及患病羊的排泄物、分泌物、尸体和污水、垃圾等污物进入土壤而使土壤污染。不同种类的病原微生物在土壤中生存的时间有很大的差别，一般无芽胞的病原微生物生存时间较短，几小时到几个月不等，而有芽胞的病原微生物生存时间较长，如炭疽杆菌芽胞在土壤中存活可达十几年以上。土壤中的病原微生物除了来自外界污染的以外，土壤中本身就存在着能够较长时间存活的病原微生物，如肉毒梭状芽胞杆菌等。土壤中的厌氧芽胞杆菌以芽胞形态存在于土壤中，在动物厌气性创伤感染中起着很大的作用。土壤中的病原微生物通过施肥、水源、饲料等途径而传染给羊。因此，土壤的消毒，特别是被病原微生物污染的土壤进行消毒是十分必要的。在消灭土壤中的病原微生物时，生物学和物理学因素起着重要的作用。疏松土壤，可增强微生物间的拮抗作用，使其充分接受阳光中紫外线的照射。另外，种植冬小麦、黑麦、葱、蒜、三叶草、大黄等植物，也可杀灭土壤中的病原微生物，使土壤净化。在实际工作中，除利用上述自然净化外，还可运用化学消毒法进行土壤消毒，以迅速消灭土壤中的病原微生物。化学消毒时常用的消毒剂有漂白粉或 5%～10% 漂白粉澄清液、4% 甲醛溶液、10% 硫酸苯酚合剂溶液、2%～4% 氢氧化钠热溶液等，消毒前应首先对土壤表面进行机械清扫，被清扫的表土、粪便、垃圾等集中深埋或生物热发酵或焚烧，然后用消毒液进行喷洒，每平方米用消毒液 1 000 毫升。如果是芽胞杆菌污染的地面，在用消毒液喷洒后还应掘地翻土 30 厘米左右深，撒上漂白粉并与土混合。如为一般的传染病，漂白粉用量为每平方米 0.5～2.5 千克。

4. **兽医诊疗器械及用品的消毒**　诊疗工作中使用的各种器械及用品，在用前和用后都必须按要求进行严格的消毒。根据器械及用品的种类和使用范围不同，其消毒的方法和要求也不一样，一般对进入羊体内或与黏膜接触的诊疗器械，如手术器械、注射器及针头、胃导管、导尿管等，必须经过严格的消毒灭菌；对不进入动物组织内，也不与黏膜接触的器具，一般要求去除细菌的繁殖体及亲脂病毒。各种诊疗器械及用品的消毒方法可参考表 4-1。

表 4-1　各种诊疗器材及用品的消毒方法

类　别	消毒对象	消毒药物与方法步骤	备　注
玻璃类	体温表	先用 1% 过氧乙酸溶液浸泡 5 分钟，再放入另一桶 1% 过氧乙酸溶液中浸泡 30 分钟	
	注射器	用 0.2% 过氧乙酸溶液浸泡 30 分钟后再清洗，经煮沸或高压蒸汽消毒后备用	1. 用 1% 肥皂水煮沸消毒 15 分钟，洗净，消毒后备用 2. 煮沸时间从水沸腾时算起，消毒物品应全部浸入水内
	各种玻璃接管	1. 将接管分类浸入 0.2% 过氧乙酸溶液中，浸泡 30 分钟后用清水冲净 2. 接管用 1% 肥皂水刷洗，清水冲净，烘干后分类，经高压消毒后备用	有污垢的玻璃管，须用清洁液浸泡 2 小时后，洗净，再消毒处理

续表 4-1

类　别	消毒对象	消毒药物与方法步骤	备　注
搪瓷类	药杯、换药碗	1. 将药杯用清水冲去残留药液后，浸泡在 1：1000 新洁尔灭溶液中 1 小时 2. 将换药碗用 1% 肥皂水煮沸消毒 15 分钟 3. 再将药杯与换药碗分别用清水刷洗冲净后，煮沸消毒 15 分钟或高压消毒后备用（如药杯系玻璃类或塑料类，可用 0.2% 过氧乙酸浸泡 2 次，每次 30 分钟后，清洗烘干、备用）	1. 药杯与换药碗不能放在同一容器内煮沸或浸泡 2. 若用后的药碗染有各种药液颜色，应煮沸消毒后用去污粉擦净，洗净、揩干后再浸泡 3. 冲洗药杯内残留药液的水须经处理后再弃去，处理方法同器械类备注 2
	托盘、方盘、弯盘	1. 将其分别浸泡在 1% 漂白粉澄清液中 1 小时 2. 再用 1% 肥皂水刷洗，清水洗净后备用	漂白粉清液每 2 周更换 1 次，夏季每周更换 1 次
	污物敷料桶	1. 将桶内污物倒去后，用 0.2% 过氧乙酸溶液喷雾消毒，放置 30 分钟 2. 用 1% 肥皂水将桶刷洗干净，清水洗净后备用	1. 污物敷料桶每周消毒 1 次 2. 桶内倒出的污物敷料须消毒处理后回收或焚毁后弃去

续表 4-1

类 别	消毒对象	消毒药物与方法步骤	备 注
器械类	污染的镊子、钳子等	1. 放入 1% 肥皂水煮沸消毒 15 分钟 2. 再用清水将其冲净后，煮沸 15 分钟或高压消毒后备用	1. 被脓、血污染的镊子、钳子或锐利器械，应先用清水刷洗干净，再行消毒
	锋利器械	1. 将器械浸泡在 1∶1000 新洁尔灭溶液中 1 小时 2. 再用肥皂水刷洗，清水冲净、揩干，浸泡于 1∶1000 新洁尔灭溶液中 2 小时 3. 将经过第一、第二道消毒后的器械取出后浸泡于第三道 1∶1000 新洁尔灭溶液的消毒盒中备用	2. 刷洗下的脓、血水按每 1000 毫升加过氧乙酸原液 10 毫升计算（即 1% 浓度），消毒 30 分钟后，才能倒弃 3. 器械盒每周消毒 1 次 4. 器械使用前应用生理盐水淋洗
	开口器	1. 将开口器浸入 1% 过氧乙酸溶液中，30 分钟后用清水冲洗 2. 再用肥皂水刷洗，清水冲净、揩干，煮沸或高压消毒后备用	浸泡时开口器应当全部浸入消毒液中
橡胶类	橡胶管	1. 将硅胶管拆去针头，浸泡在 0.2% 过氧乙酸溶液中，30 分钟后用清水冲洗 2. 再用肥皂水冲洗硅胶管管腔后，用清水冲洗、揩干	拆下的针头按注射器针头消毒处理（见玻璃类注射器项）
	手套	1. 将手套浸泡在 0.2% 过氧乙酸溶液中，30 分钟后用清水冲洗 2. 再将手套用肥皂水清洗，清水漂净后晾干 3. 将晾干后的手套，用高压消毒或环氧乙烷熏蒸消毒后备用	手套应浸没于过氧乙酸溶液中，不能浮于液面上

续表 4-1

类　别	消毒对象	消毒药物与方法步骤	备　注
橡胶类	橡皮管、投药瓶	1. 用浸有 0.2% 过氧乙酸的揩布擦洗物件表面 2. 用肥皂水刷洗、清水洗净后备用	
	导尿管、肛管、胃导管等	1. 将物件分类浸入 1% 过氧乙酸溶液中，浸泡 30 分钟后用清水冲洗 2. 再将物件用肥皂水刷洗，清水洗净后，分类煮沸 15 分钟或高压消毒后备用	物件上胶布痕迹可用乙醚擦除
	输液、输血皮条	1. 将皮条针头拆去后，用清水冲净皮条中残留液体，再浸泡在清水中 2. 再将皮条用肥皂水反复揉搓，清水冲净、揩干后，高压消毒备用	拆下的针头按注射针头消毒处理（见玻璃类注射器项）
其他	手术衣、帽、口罩等	1. 将其分别浸泡在 0.2% 过氧乙酸溶液中 30 分钟，用清水冲洗 2. 肥皂水搓洗，清水洗净、晒干，高压灭菌备用	口罩应与其他物件分开洗涤
	创巾、敷料等	1. 污染血液的，先放在冷水或 5% 氨水内浸泡数小时，然后在肥皂水中搓洗，最后在清水中漂净 2. 污染碘酊的，用 2% 硫代硫酸钠溶液浸泡 1 小时，清水漂洗、拧干，浸于 0.5% 氨水中，再用清水漂净 3. 经清洗后的创巾、敷料高压灭菌备用	被病原体污染时，应先消毒后洗涤，再灭菌
	推　车	1. 每月定期用去污粉或肥皂粉擦洗 1 次 2. 污染的推车应及时用浸有 0.2% 过氧乙酸的布揩洗，30 分钟后再用清水揩净	推车应经常保持整洁，清洁与污染物品的推车应分开

5. 兽医诊疗室的消毒 兽医诊疗室是对病羊进行诊疗的主要场所，病羊携带的病原微生物经各种途径排出体外后，污染兽医诊疗室地面、墙壁等，在每次诊疗前后应用 3%～5% 来苏儿溶液等进行消毒。室内尤其是手术室内空气，可用紫外线在术前或手术间歇时期进行照射，也可使用 1% 漂白粉澄清液或 0.2% 过氧乙酸空气喷雾，有时也用乳酸、福尔马林等加热熏蒸，有条件时可采用空气调节装置，以防空气中的微生物降落于创口或器械的表面，引起创口感染。诊疗过程中的废弃物如棉球、棉拭子、污物、污水等，应集中进行焚烧或生物热发酵处理，不可到处乱倒乱抛。被病原体污染的诊疗场所，在诊疗结束后应进行彻底的消毒，推车可用 3% 漂白粉澄清液、5% 来苏儿液或 0.2% 过氧乙酸擦洗或喷洒。室内空气用福尔马林熏蒸，同时打开紫外线灯照射，2 小时后打开门窗通风换气。

6. 水和空气消毒 养羊生产中要消耗大量的水，水的质量好坏直接影响到羊的健康及产品的卫生质量。养羊生产用水总的要求应符合饮用水的标准。为了杜绝经水传播的疾病发生和流行，保证羊的健康，饮水必须经过消毒处理后才能饮用。水的消毒方法很多，概括起来可分为两大类。一类是物理消毒法，如煮沸消毒、紫外线消毒、超声波消毒、磁场消毒、电子消毒等。通常使用的方法是煮沸消毒。另一类是化学消毒法，主要有氯消毒法、碘消毒法、溴消毒法、臭氧消毒法、二氧化氯消毒法等。其中，以氯消毒法使用最为广泛，且安全、经济、便利、效果可靠。

空气中缺乏微生物所需要的营养物质，加上日光的照射、干燥等因素，不利于微生物的生存。但是，空气中确有一定数量的微生物存在，不过不能进行生长繁殖，只能以浮游状态存在，不过一些是随着尘土飞扬而进入空气中的微生物，几乎所有土壤表层存在的微生物均有可能在空气中出现，人及畜禽的排泄物、分泌物排出体外，干燥后其中的微生物也可随之飞扬到空气中。一些是人、畜禽的呼吸道及口腔排出的微生物，随着呼出的气体、咳嗽、鼻液形成气溶胶悬浮于空气中。如患有结核病的羊在咳嗽时，喷出的痰液中含有结核杆菌，在顺风状态下可飞扬 5 米以上，造成空气的微生物污染。空气中微生物的种类和数量受地面活动、气象条件、人口密度、地区、室内外、羊的饲养量等因素影响。在添加粗饲料、更换垫料、羊出栏、打扫卫生时，空气中的微生物会大大增加。因此，必须对羊舍空气进行消毒，尤其是病原污染的羊舍。空气消毒常用紫外线照射和化学药物消毒。

7. 尸体处理 合理安全地处理病死羊尸体，在防治羊的传染病和维护公共卫生上都有重要意义。处理方法有掩埋、焚烧、化制和发酵 4 种。

（1）掩埋法 此法简便易行，但不是彻底处理的方法，故烈性传染病尸体不宜掩埋。在掩埋病羊尸体时，应注意选择远离住宅、农牧场、水源、草原及道路的僻静地方，土质干燥、地势高、地下水位低，并避开水流、山洪的冲刷。掩埋坑的长度和宽度以容纳侧卧的羊尸体即可，从坑沿到尸体上表面的深度不得少于 1.5～2 米。掩埋前，将坑底铺上 2～5 厘米厚的石灰，尸体投入后（将污染的土壤、捆绑尸体的绳索一起抛入坑）。再撒上一层石灰，填土夯实。

（2）焚烧法 此法是销毁尸体、消灭病原最彻底的方法，但消耗大量的燃料。所以，非烈性传染病尸体不常应用。焚烧尸体要注意防火，选择离村镇较远、下风头的地方，在焚尸坑内进行。焚尸坑的形式有以下几种：

①十字坑 挖"十"字形的沟，沟长 2.6 米，宽 0.6 米，深 0.5 米。在两沟交叉处坑底堆放干草和木柴，沟沿横架 2 根粗的湿木棍，然后将尸体放在架上，在尸体的周围及上面再放上木柴，

然后在木柴上倒煤油，从下面点火，一直将尸体烧成黑炭为止，烧后就地埋在坑内。

②单坑 挖一长2.5米、宽1.5米、深0.7米的坑，将挖出的土堆积在四周做成土埂，坑内架满木柴，坑沿横放数根粗湿木棍，将尸体架上，焚烧方法同十字坑。

③双层坑 先挖一条长宽各2米、深0.75米的大沟，在沟的底部再挖一长2米、宽1米、深0.75米的小沟，做成双层坑。在小沟底铺上干草和木柴，两端各留出18～20厘米的空隙，以便吸入空气助燃，在小沟沟沿横架数根湿木棍，将尸体放在架上，焚烧方法同十字坑。

（3）化制法 将病死羊尸体放入特制的加工器中进行炼制，以达到消毒的目的。该法要求有一定的设备条件，在基层可采用土法化制方法，将尸体或组织块放在有盖铁锅内进行烧煮炼制，直至骨肉松脆为止。

（4）发酵法 将尸体抛入尸坑内，利用生物热的方法进行发酵分解，从而起到消毒除害的作用。尸坑一般为井式，深9～10米，直径2～3米，坑口有一木盖，坑口高出地面30厘米左右。将尸体投入坑内，堆到坑口1.5米处盖封木盖，经3～5个月发酵处理后，尸体即可完全腐败分解。

8. 疫源地消毒 疫源地消毒包括病羊所在的羊舍、隔离场地、排泄物、分泌物及被病原微生物污染和可能被污染的一切场所、用具和物品等。在实施消毒过程中，应抓住重点，保证消毒效果。如肠道传染病，消毒的重点是病羊排出的粪便，以及被其污染的物品、场所等；呼吸道传染病则主要是消毒空气、分泌物及污染的物品等（表4-2）。

第四章　消毒和免疫技术

表 4-2　疫源地场所物品用具消毒

污染物	消毒方法及消毒剂参考剂量	
	细菌性传染病	病毒和真菌性传染病
空气	1. 甲醛熏蒸，福尔马林用量 25 毫升 / 米³，作用 12 小时（加热法） 2. 2% 过氧乙酸熏蒸，用量 1 克 / 米³，作用 1 小时 (20℃) 3. 0.2% ～ 0.5% 过氧乙酸或 3% 来苏儿喷雾，30 毫升 / 米²，作用 30 ～ 60 分钟 4. 紫外线 60000 微瓦·秒 / 厘米²	1. 甲醛熏蒸，福尔马林用量 25 毫升 / 米³，作用 12 小时（加热法） 2. 2% 过氧乙酸熏蒸，用量 3 克 / 米³，作用 90 分钟 (20℃) 3. 0.5% 过氧乙酸或 5% 漂白粉澄清液喷雾，作用 1 ～ 2 小时 4. 乳酸熏蒸，用量 10 毫克 / 米³，加水 1 ～ 2 倍，作用 30 ～ 90 分钟
排泄物（粪、尿、呕吐物等）	1. 成形粪便加 2 倍量的 10% ～ 20% 漂白粉乳液，作用 2 ～ 4 小时 2. 稀便可直接加漂白粉，用量为粪便的 1/5，作用 2 ～ 4 小时	1. 成形粪便加 2 倍量的 10% ～ 20% 漂白粉乳液，充分搅拌，作用 6 小时 2. 稀便可直接加漂白粉，用量为粪便的 1/5，充分搅拌，作用 6 小时 3. 尿液每 100 毫升加漂白粉 3 克，充分搅拌，作用 2 小时
分泌物（鼻涕、唾液、脓汁、乳汁、穿刺液等）	1. 加等量 10% 漂白粉或 1/5 量干粉作用 1 小时 2. 加等量 0.5% 过氧乙酸作用 30 ～ 60 分钟 3. 加等量 30% ～ 6% 来苏儿，作用 1 小时	1. 加等量 10% ～ 20% 漂白粉或 1/5 量干粉，作用 2 ～ 4 小时 2. 加等量 0.5% ～ 1% 过氧乙酸，作用 30 ～ 60 分钟
运输工具	1. 0.2% ～ 0.3% 过氧乙酸、1% ～ 2% 漂白粉澄清液，喷雾或擦拭，作用 30 ～ 60 分钟 2. 3% 来苏儿、0.5% 季铵盐类消毒剂喷雾或擦拭，作用 30 ～ 60 分钟 3. 1% ～ 2% 氢氧化钠热溶液喷洒或擦拭 1 ～ 2 小时	1. 0.5% ～ 1% 过氧乙酸、5% ～ 10% 漂白粉澄清液、0.5% ～ 1% 过氧乙酸喷雾或擦拭，作用 30 ～ 60 分钟 2. 5% 来苏儿喷雾或擦拭，作用 1 ～ 2 小时 3. 2% ～ 4% 氢氧化钠热溶液喷洒或擦拭 2 ～ 4 小时

续表 4-2

污染物	消毒方法及消毒剂参考剂量	
	细菌性传染病	病毒和真菌性传染病
饲槽、水槽、饮水器等	1. 0.5% 过氧乙酸浸泡 30～60 分钟 2. 1%～2% 漂白粉澄清液浸泡 30～60 分钟 3. 0.5% 季铵盐类浸泡 30～60 分钟 4. 1%～2% 氢氧化钠热溶液浸泡 6～12 小时	1. 0.5% 过氧乙酸浸泡 30～60 分钟 2. 3%～5% 漂白粉澄清液浸泡 1～2 小时 3. 2%～4% 氢氧化钠热溶液浸泡 6～12 小时
工作服、被子等织物	1. 高压蒸汽灭菌，121℃ 15～20 分钟 2. 加 0.5% 肥皂煮沸 15 分钟 3. 甲醛熏蒸，福尔马林用量 25 毫升/米^3，作用 12 小时 4. 环氧乙烷熏蒸，用量 2.5 克/升，作用 2 小时 5. 过氧乙酸熏蒸，用量 1 克/米^3，作用 60 分钟 (20℃) 6. 2% 漂白粉澄清液、0.3% 过氧乙酸、3% 来苏儿浸泡 30～60 分钟 7. 0.02% 碘伏浸泡 10 分钟	1. 高压蒸汽灭菌，121℃ 30～60 分钟 2. 加 0.5% 肥皂煮沸 15～20 分钟 3. 甲醛熏蒸，福尔马林用量 25 毫升/米^3，作用 12 小时 4. 环氧乙烷熏蒸，用量 2.5 克/升，作用 2 小时 5. 过氧乙酸熏蒸，用量 1 克/米^3，作用 90 分钟 6. 2% 漂白粉澄清液浸泡 1～2 小时 7. 0.3% 过氧乙酸浸泡 30～60 分钟 8. 0.03% 碘伏浸泡 15 分钟
手	1. 0.02% 碘伏洗手 2 分钟，清水冲洗 2. 0.2% 过氧乙酸洗手 2 分钟 3. 60%～80% 乙醇、50%～70% 异丙醇洗手 5 分钟 4. 0.05% 洗必泰、0.1% 新洁尔灭洗手 5 分钟	1. 0.5% 过氧乙酸洗手，清水冲洗 2. 0.05% 碘伏作用 2 分钟，清水冲洗

续表 4-2

污染物	消毒方法及消毒剂参考剂量	
	细菌性传染病	病毒和真菌性传染病
书籍、文件、纸张等	1. 环氧乙烷熏蒸，用量 2.5 克 / 升，作用 2 小时 2. 甲醛熏蒸，福尔马林用量 25 毫升 / 米 ^{3}，作用 12 小时	1. 环氧乙烷熏蒸，用量 2.5 克 / 升，作用 2 小时 2. 甲醛熏蒸，福尔马林用量 25 毫升 / 米 ^{3}，作用 12 小时
用具	1. 高压蒸汽灭菌 2. 煮沸 15 分钟 3. 环氧乙烷熏蒸，用量 2.5 克 / 升，作用 2 小时 4. 甲醛熏蒸，福尔马林用量 50 毫升 / 米 ^{3}，作用 1 小时（消毒间） 5. 0.2% ~ 0.3% 过氧乙酸、1% ~ 2% 漂白粉澄清液、3% 来苏儿、0.5% 季铵盐类消毒剂浸泡或擦拭，作用 30 ~ 60 分钟 6. 0.01% 碘伏浸泡 5 分钟	1. 高压蒸汽灭菌 2. 煮沸 30 分钟 3. 环氧乙烷熏蒸，用量 2.5 克 / 升，作用 2 小时 4. 甲醛熏蒸，福尔马林用量 25 毫升 / 米 ^{3}，作用 3 小时（消毒间） 5. 0.5% 过氧乙酸、5% 漂白粉澄清液浸泡或擦拭，作用 30 ~ 60 分钟 6. 5% 来苏儿浸泡或擦拭作用 1 ~ 2 小时 7. 0.05% 碘伏浸泡 10 分钟
畜禽舍、运动场及舍内工具	1. 污染草料与粪便集中焚烧 2. 畜圈四壁用 2% 漂白粉澄清液喷雾（200 毫升 / 米 ^{3}），作用 1 ~ 2 小时 3. 畜圈与野外地面撒施漂白粉 20 ~ 40 克 / 米 ^{2}，作用 2 ~ 4 小时；1% ~ 2% 氢氧化钠溶液、5% 来苏儿溶液喷洒，1000 毫升 / 米 ^{3}，作用 6 ~ 12 小时 4. 甲醛熏蒸，福尔马林用量 12.5 ~ 25 毫升 / 米 ^{3}，作用 12 小时（加热法） 5. 0.2% ~ 0.5% 过氧乙酸、3% 来苏儿喷雾或擦拭，作用 1 ~ 2 小时 6. 2% 过氧乙酸熏蒸，用量 1 克 / 米 ^{3}，作用 60 分钟 (20℃)	1. 污染草料与粪便集中焚烧 2. 畜圈四壁用 5% ~ 10% 漂白粉澄清液喷雾 (20 毫升 / 米 ^{3})，作用 1 ~ 2 小时 3. 畜圈与野外地面撒施漂白粉 20 ~ 40 克 / 米 ^{2}，作用 2 ~ 4 小时；2% ~ 4% 氢氧化钠溶液、5% 来苏儿溶液喷洒，1000 毫升 / 米 ^{3}，作用 12 小时 4. 甲醛熏蒸，福尔马林用量 25 毫升 / 米 ^{3}，作用 12 小时（加热法） 5. 0.5% 过氧乙酸、5% 漂白粉澄清液喷雾或擦拭，作用 2 ~ 4 小时 6. 2% 过氧乙酸熏蒸，用量 3 克 / 米 ^{3}，作用 90 分钟

续表 4-2

污染物	消毒方法及消毒剂参考剂量	
	细菌性传染病	病毒和真菌性传染病
医疗器械、玻璃金属制品	1. 1% 过氧乙酸浸泡，作用 60 分钟 2. 0.01% 碘伏浸泡 30 分钟，蒸馏水冲洗	1. 1% 过氧乙酸浸泡，作用 60 分钟 2. 0.01% 碘伏浸泡 30 分钟，蒸馏水冲洗

（四）消毒药品的选择、配制和使用

1. 甲 醛

（1）性状　甲醛又叫蚁醛，是醛类化合物中应用最早的消毒剂，迄今已有近百年的历史。甲醛是一种具有强烈刺激性臭味的无色气体，易溶于水和醇，在水溶液中主要以水合物的形式存在，水合物分离失水后聚合形成多聚甲醛。市售的甲醛消毒剂有福尔马林和多聚甲醛 2 种剂型。福尔马林是甲醛的水溶液，含甲醛 37% ～ 40%（还含有 10% ～ 12% 甲醇，可防止甲醛聚合），为无色澄清液体，有强烈刺激性气味，呈弱酸性。多聚甲醛为白色固体，可分为粉末、片状或颗粒状，含甲醛 91% ～ 99%，其本身无消毒作用，加热至 80 ～ 100℃时产生大量甲醛气体，而呈现消毒杀菌作用。

（2）作用与用途　甲醛有极强的还原活性，能与蛋白质中的氨基酸发生烷化反应，使蛋白质变性，呈现强大的杀菌作用。福尔马林能与水或醇以任何比例混合，消毒时可用水配成 10% ～ 20% 的溶液（相当于 4% ～ 8% 甲醛溶液），对细菌芽胞、繁殖体、病毒、真菌均有杀灭作用，也可喷雾或加热蒸发用其气体消毒。多聚甲醛主要用于加热产生甲醛气体消毒。

（3）消毒应用　2% 福尔马林用于器械浸泡消毒，5% ～ 10% 福尔马林用于固定解剖标本及保存病料。熏蒸消毒羊舍，每立方米空间用福尔马林 25 毫升、水 12.5 毫升，两者混合后，再放入高锰酸钾 25 克，消毒时间 12 ～ 24 小时；杀死芽胞，每立方米空间需福尔马林 250 毫升。多聚甲醛消毒的一般用量为每立方米空间 3 ～ 5 克，消毒时间为 10 小时，如大面积消毒羊舍，每立方米空间可用 10 克。

（4）注意事项　福尔马林宜在常温下保存，放置太久或温度降至 5℃ 以下时易凝聚成白色沉淀的多聚甲醛，加热后可再变得澄清。使用福尔马林消毒时，应注意防止接触皮肤、黏膜，以免引起刺激和中毒。熏蒸消毒时，应将消毒空间密闭，并保持较高的环境温度和湿度，消毒过后打开窗户通风 20 ～ 30 分钟，也可用氨气中和甲醛气，然后再将羊只迁入。多聚甲醛熏蒸消毒时，一般不需要密闭消毒空间。

2. 漂 白 粉

（1）性状　漂白粉又称含氯石灰、氯化石灰。是目前常用的消毒剂之一，它是将氯气通入消石灰中而制成的混合物，主要成分为次氯酸钙，还含有氯化钙、氧化钙、氢氧化钙和水。为白色颗粒状粉末，有氯臭，能溶于水，溶液混浊且有多量沉渣。市售的漂白粉含有效氯 25% ～ 32%，一般以含有效氯 25% 计算用量。

（2）作用与用途　漂白粉的杀菌作用主要是由氧化、活性氧和氯化作用发挥的，其分解生成的次氯酸、活性氧、活性氯能使菌体破坏、蛋白氧化，抑制细菌各种酶的活性，从而杀灭细菌，其中次氯酸的氧化杀菌作用是主要的。漂白粉价格低廉、易于生产，对细菌、病毒、噬菌体、真菌和原虫均有较好的杀灭作用。在碱性环境中杀菌力减弱，环境中有机物的存在也可削弱其杀菌作用。漂白粉对机体组织刺激性较大，并有漂白和腐蚀作用，一般用于水体、容器、食具、排泄物及某些器具的消毒杀菌。

（3）消毒应用　每立方米河水或井水中加漂白粉 6 ～ 10 克，消毒 30 分钟即可饮用。10% ～ 20% 乳剂可用于羊舍、粪便和排泄物的消毒。10%乳剂放置过夜,沉淀后的上清液即为10%澄清液,再稀释成 1%～3% 浓度可用于消毒饲槽、饮水槽及其他非金属用具。0.5% 澄清液可浸泡消毒无色衣物。将干粉剂与粪便以 1∶5 的比例混合均匀,可进行粪便消毒。

(4)注意事项 漂白粉易从空气中吸湿成盐,使有效氯散失,所以必须保存在密闭、干燥的容器内,即使妥善保存,其有效氯每月要损失 1%～3%,当有效氯含量低于 15% 时即不能使用。配制漂白粉溶液应先测定其有效氯的含量,然后按校正浓度调整用药量。消毒纺织品、金属制品等,勿使用过高浓度,作用时间不宜过长,消毒后应尽快用清水冲洗干净,以防腐蚀、漂白。消毒时应注意防止人员中毒,做好个人保护。

3. 过氧乙酸

(1)性状 过氧乙酸又名过醋酸。为无色透明液体,具弱酸性,有很强的刺激性醋酸味,易挥发,易溶于水和有机溶剂,也能溶于硫酸。本品极不稳定,贮存过程中会自然分解,遇热、金属离子、强碱、有机物等易分解。45% 以上浓度剧烈碰撞或加热可爆炸。我国市售消毒用过氧乙酸浓度多为 20%,一般无爆炸危险,有效期为 6 个月,但稀释液只能保持药效 3～7 天,故应现用现配。

(2)作用与用途 过氧乙酸既具有酸的特性,又具有氧化剂的特性,杀菌效力远较一般酸与过氧化物强。过氧乙酸对细菌繁殖体和芽胞、真菌、病毒等都有高效的杀灭作用,可用于耐酸塑料、玻璃、搪瓷、橡胶制品及用具的浸泡消毒,也可用于羊舍的喷雾消毒。由于本品的分解产物对人体无毒,故可用于水果蔬菜和肉品表面的浸泡消毒。

(3)消毒应用 过氧乙酸的消毒应用广泛,针对不同的消毒对象,应采用不同的消毒方法。

(4)注意事项 过氧乙酸性质稳定,易分解,高温时保存时间短,应贮存在阴凉通风处,温度不超过 25℃,贮存容器以聚乙烯桶或瓶为宜，切勿与其他药品、有机物随意混合，以免剧烈分解或爆炸；高浓度的药液具有强腐蚀性和刺激性，配制稀释时，谨防溅到眼内或皮肤、衣服上，如不慎溅及，应立即用水冲洗；配制消毒液时，要用清洁的水，最好用蒸馏水，因金属离子及还原性物质可加速药物分解，最好将配制用水盛放于清洁带盖的塑料容器内配制消毒液；配制好的稀过氧乙酸分解较快，应在临用前配制，配制好的消毒液不宜长期存放，常温下保存不宜超过 2 天，4℃时不要超过 10 天；金属制品及棉织品经浸泡消毒后，应尽快用清水冲洗干净，反复多次熏蒸消毒能使物品腐蚀或漂白，故消毒后应将有关物品洗刷，或用湿布擦净；用过氧化氢和冰醋酸液配合剂型消毒时，应在使用前 1～2 天配制，未经混合不得将两液直接倒入水中配制使用。

4. 过氧化氢

（1）性状　过氧化氢又称双氧水。为无色无臭的透明液体，味微酸，可产生泡沫，易溶于水。在微量金属离子等杂质或光、热的作用下，极不稳定。纯过氧化氢极为稳定，用去离子水并加稳定剂，可配成稳定的不同浓度的溶液，兽医临床上常用的浓度为 2.5%～3.5%。

（2）作用与用途　过氧化氢可形成氧化能力很强的自由羟基，破坏蛋白质的基础分子结构，从而抑制或杀灭细菌，一定浓度的过氧化氢溶液对细菌、病毒、芽胞及真菌均有一定的杀灭作用。

（3）消毒应用　1%～3% 浓度清洗创面，能产生大量的气泡松动创伤中的脓块、血块或坏死组织，特别常用于清洁污秽的陈旧化脓创及瘘管等。以上浓度溶液对组织有刺激性，可用于环境物品的消毒杀菌。

5. 高锰酸钾

（1）性状　高锰酸钾又名过锰酸钾、灰锰氧等。为紫黑色细长的棱形结晶或颗粒，带蓝色金属光泽，无臭，性稳定，耐贮存，遇某些有机物或易氧化物（还原剂）能发生剧烈燃烧或爆炸。高锰酸钾为强氧化剂，能溶于冷水，易溶于沸水，呈紫色溶液，其水溶液在酸碱条件下均不稳定，易为醇类、亚铁盐、碘化物所分解。

（2）作用与用途　高锰酸钾通过氧化细菌体内活性基团而发挥作用，其杀菌力比过氧化氢强，还原后二氧化锰与蛋白质结合形成复合物，在低浓度时有收敛作用，高浓度时有刺激腐蚀作用。高锰酸钾能杀灭细菌繁殖体、芽胞和病毒，破坏肉毒梭菌毒素，常用于皮肤、黏膜创面、蔬菜、饮水等的消毒。

（3）消毒应用　0.02% ～ 0.1% 溶液用于皮肤、黏膜创面冲洗及蔬菜、饮水消毒，但不宜用于肉类食品消毒。0.02% 溶液用于冲洗膀胱、子宫、阴道。在生物碱、氰化物等毒物中毒时，可用 0.02% ～ 0.1% 溶液洗胃，使毒物氧化而解毒。2% ～ 5% 溶液用于杀死芽胞的消毒和盛肉桶箱的消毒。此外，常利用高锰酸钾的氧化特性来加速福尔马林蒸发进行空气熏蒸消毒。

（4）注意事项　高锰酸钾应存放在密闭容器内，勿与还原剂（如甘油、乙醇、木炭、硫黄等）接触。水溶液暴露于空气中易分解，最好现用现配。消毒后容器应及时清洗，以免着色太久，难以去除。因有着色之弊，故对污染物品表面一般不用高锰酸钾消毒。勿用湿手接触本品结晶，否则可被染色或腐蚀。消毒黏膜时须严格控制浓度，防止出现不良反应。当消毒物品上有机物或其他物质过多时，不宜用本药进行消毒处理。

6. 乙醇

（1）性状　乙醇俗称酒精。为无色透明液体，易挥发，可燃烧，燃烧时呈淡蓝色火焰，有较强的酒气，能与水、甘油、氯仿或乙醚按任意比例混合。市售医用乙醇的浓度，按重量计算不低于92.3%，按体积计算不低于94.58%。没有标明体积或重量百分比浓度的乙醇，一般以体积百分比浓度计算。

（2）作用与用途　乙醇的消毒作用与浓度的关系很大，浓度过高或过低都会使消毒作用降低，通常采用体积比浓度75%（相当于重量比浓度70%左右）乙醇溶液作为消毒剂。乙醇能使菌体蛋白脱水、变性或沉淀，并能干扰微生物的新陈代谢，抑制繁殖，使细菌溶解，对细菌繁殖体、真菌孢子、病毒均有杀灭作用，是目前兽医临床上使用较广的一种消毒剂。但由于其大面积消毒用量较大，成本较高，故目前仅限用于局部皮肤及小型诊疗器械的消毒，特别适合于皮肤消毒杀菌。

（3）消毒应用　75%乙醇溶液浸湿棉球可用于擦拭局部皮肤、手指、体温表、注射针头、药瓶盖及小件医疗器械等。

（4）注意事项　一般使用浓度勿超过80%。消毒前应尽量将表面黏附的有机物清除干净，如体温表消毒前，必须用棉球将粪便或黏液擦净。乙醇溶液应保存在有盖的容器内，以免有效成分挥发而影响消毒效果。

（5）配制　市售的医用乙醇溶液，按体积计算浓度为95%，按重量计算浓度为92.3%。若配制体积浓度75%乙醇溶液，可取体积浓度95%乙醇75毫升，加蒸馏水至总体积95毫升即成；若配制重量浓度70%乙醇溶液可取重量浓度92.3%乙醇70克加蒸馏水至总重量为92.3克即可。

7. 苯　酚

（1）性状　又名石炭酸。是酚类化合物中最古老的消毒剂，为无色或淡红色针状、块状或三棱形结晶，有特殊酚臭，遇光或在空气中色渐变深，性稳定，能溶于水和酒精，忌与碘、溴、高锰酸钾、过氧化氢等配伍。

（2）作用与用途　本品能使蛋白质变性、凝固而呈现消毒作用。

（3）消毒应用　2%～5%水溶液可处理污物，消毒用具，并用于环境喷洒消毒；0.5%苯酚生理盐水可保存灭活疫苗；芽胞、病毒对其耐受性很强，加热至40℃使用，可增强其消毒作用。

（4）注意事项　2%及以上浓度溶液对皮肤、黏膜刺激性强，若不慎接触到时，可用乙醇擦拭去除。由于苯酚对组织的刺激和腐蚀性较大，对人有毒害作用，其消毒应用范围较小。

8. 来苏儿

（1）性状　来苏儿又称煤酚皂溶液、甲酚皂溶液。是目前兽医上常用的一种酚类消毒剂，其主要成分是甲酚（煤酚），占48%～52%，再加上植物油、氢氧化钠，经皂化作用而成。来苏儿为黄棕色至红棕色黏稠液体，有酚臭，难溶于水，与水混合则成为混浊的乳状液。性稳定，耐贮存。来苏儿可与阴离子及无离子活性剂混合而不影响它的杀菌能力。

（2）作用与用途　杀菌能力比石炭酸高3倍以上，对细菌繁殖体、真菌、亲脂性病毒有一定的杀灭作用，对芽胞、亲水性病毒无作用或作用较小，常用于器械、羊舍消毒及污物处理等。

（3）消毒应用　1%～2%浓度用于皮肤、手指消毒，5%～10%浓度用于器械、羊舍地面和污物的消毒处理。

（4）注意事项　与石炭酸基本相同。配制溶液时勿使用硬度过高的水，以免降低消毒作用。

9. 氢氧化钠

（1）性状　氢氧化钠又称苛性钠。为白色或微黄色的块状或棒状物质，易溶于水，露置空气中易吸收二氧化碳和湿气而潮解，故需密闭保存。

（2）作用与用途　杀菌作用很强，可杀死细菌、芽胞和病毒。常用于消毒羊舍、饲槽、地面等。其溶液加热后使用，消毒力和去污力都增强。

（3）消毒应用　2%热溶液用于被细菌、病毒污染的物品和场地消毒；5%热溶液用于炭疽芽胞污染物品和场地的消毒。粗制烧碱溶液或固体碱含氢氧化钠94%左右，一般为工业用品，价格低，常用来代替精制氢氧化钠作消毒剂用。

（4）注意事项　对人、畜皮肤有腐蚀性，对纺织品和铝制品有损害作用，消毒时应注意防护，12小时后用水冲洗干净。

10. 氢氧化钾　又称苛性钾。其性状、作用与用途、消毒与应

用及注意事项均与氢氧化钠相似。草木灰中因含有氢氧化钾和碳酸钾，故可代替本品使用，其用法为：将30千克草木灰加水湿透，然后再加适量水煮沸，过滤去渣后再加水至100升即可，其温度宜在70℃以上使用，喷洒后18小时再使用1次。

11. 生石灰

（1）性状　生石灰为白色的块状物或粉状物，主要成分为氧化钙，加水后可产热并生成氢氧化钙，俗称熟石灰或消石灰，呈弱碱性，吸湿性很强。

（2）作用与用途　本品可杀死多种病原菌，对芽胞无效，主要用于墙壁、地面、粪池及污水沟等的消毒。

（3）消毒应用　一般用生石灰1 000克加水350毫升，制成熟石灰粉，撒布、拌和消毒。

（4）注意事项　本品易从空气中吸取二氧化碳变成碳酸钙沉淀而失去消毒作用，故石灰乳须现用现配，不宜久贮。

12. 新洁尔灭

（1）性状　新洁尔灭为淡黄色胶状液体，具有芳香气味（如产品不纯，可有令人不愉快的气味），极苦，易溶于水。澄清溶液，呈碱性反应，振摇时能产生大量泡沫。性稳定，无挥发性，可长期遮光、密封贮存。

（2）作用与用途　为季铵盐类表面活性剂，有杀菌和去污作用，对化脓性病原菌、肠道菌及部分病毒有较好的杀灭作用，对结核杆菌及真菌的效果较差，对细菌、芽胞一般只能起抑制作用，通常对革兰氏阳性菌的杀灭能力较对革兰氏阴性菌为强，兽医上常用于手术前洗手、皮肤和黏膜消毒及器械消毒，也可用于饲养工具的消毒。

（3）消毒应用　0.05%～0.1%水溶液用于手术前洗手及皮肤黏膜消毒，0.1%水溶液用于蛋壳表面的喷雾消毒，一般温度为40～43℃，消毒时间不超过3分钟；0.5%～1%水溶液用于术部皮肤及手术器械的消毒；0.15% ～ 2% 水溶液用于羊舍空间的喷雾消毒。

13. 消毒净

（1）性状　　消毒净是一种季铵盐类广谱消毒剂，是生产异烟肼的副产品。为白色结晶粉末，无臭，味苦，易溶于水和乙醇，水溶液易起泡沫，具表面活性作用。耐热，可长期保存。

（2）作用与用途　　在杀菌谱及消毒应用方面与新洁尔灭相似，常用浓度下杀菌效力较新洁尔灭强。因价格较高，应用不广。

（3）消毒应用　　0.02% 水溶液用于冲洗口、鼻、阴道等黏膜；0.1% 水溶液用于术前手的消毒，浸泡 5 ～ 10 分钟；0.05% ～ 0.1% 水溶液用于器械及橡胶制品的消毒。

（4）注意事项　　与新洁尔灭相同。消毒净粉剂易吸潮，应密封保存在干燥处。

14. 洗必泰

（1）性状　　洗必泰为二胍类化合物，是一种广谱消毒剂。目前，我国生产的有醋酸洗必泰、盐酸洗必泰和葡萄糖洗必泰 3 种。醋酸洗必泰和盐酸洗必泰为白色结晶粉末，无臭，味苦，性稳定，微溶于水，稍溶于乙醇；葡萄糖酸洗必泰为无色或淡黄色液体，无臭，味苦，能与水、醇、甘油等互溶，性稳定，耐贮存，多为20% 的水溶液剂型。

（2）作用与用途　　洗必泰的杀菌谱与季铵盐类相似，但作用较强，能杀死细菌繁殖体和真菌，但对细菌芽胞、结核杆菌仅有抑制作用。因其毒性低、刺激性小，无耐药性，且对人无副作用，是用途较广的一种消毒剂，可用于手术前洗手，术部皮肤消毒、创伤冲洗，也可用于食品加工厂器具设备、羊舍、手术室等环境喷雾或擦拭消毒。

（3）消毒应用　　0.02% 水溶液用于手术前洗手，浸泡时间 3 分钟；0.05% 水溶液用于冲洗创伤；0.01% ～ 0.1% 水溶液用于冲洗阴道、膀胱；0.1% 水溶液用于器械浸泡消毒，浸泡时间 10 分钟，2 周更换 1 次药液；0.5% 水溶液用于室内喷雾消毒或用具擦拭消毒；0.5% 洗必泰酒精溶液用于手术部位皮肤消毒，效力与碘酊相当，且刺激性小。

（4）注意事项　洗必泰与阴离子表面活性剂有拮抗作用。因此，不能与肥皂或洗衣粉等混合使用或先后使用，以免失效。不宜与甲醛、红汞、高锰酸钾、硝酸银、硫酸铜、硫酸锌等药品配合使用。消毒前应尽量除去物品表面黏附的有机物。不宜用于粪便、黏液等排泄物与分泌物的消毒。此外，由于洗必泰不能杀死芽胞和结核杆菌，故不适用于外科手术器械的消毒。

15. 碘制剂

（1）性状　碘是室温下为固体的惟一卤素,蓝黑色鳞晶或片晶,有金属光泽，具挥发性，难溶于水，易溶于酒精和甘油，在碘化钾水溶液中易溶。消毒中使用的碘制剂有碘酊、浓碘酊、复方碘溶液、碘甘油等，其中碘酊是最常用和最有效的皮肤消毒药。

（2）作用与用途　碘有强大的消毒作用，具有渗透性，能使蛋白质卤化、沉淀，可杀死细菌繁殖体、芽胞、真菌、病毒等。各种碘制剂杀菌作用快速，性能稳定，毒性低，易保存，是一种比较好的灭菌剂，因其价格较高，故目前一般多在兽医临床医疗中做局部消毒杀菌。

（3）消毒应用　碘酊（碘 50 克、碘化钾 10 克、蒸馏水 10 毫升,加酒精至 1 000 毫升)用于术部、手指、小面积皮肤创伤消毒。浓碘酊(碘 100 克、碘化钾 20 克、蒸馏水 20 毫升，加酒精至 1 000 毫升）对皮肤有刺激性，治疗慢性腱炎、腱鞘炎、关节炎、骨膜炎等。复方碘溶液（碘 50 克、碘化钾 100 克,加蒸馏水至 1 000 毫升，又称鲁格氏液）用于治疗黏膜各种炎症或注入关节腔、瘘管等。碘甘油（碘 50 克、碘化钾 100 克、甘油 200 毫升，加蒸馏水 1 000 毫升）刺激性小，主要用于口腔黏膜溃疡、烂斑等。

16. **新型中药消毒剂"香连溶液"** 香连溶液(主要成分是香薷、黄连)是国家三类新兽药，具有广谱抗菌杀病毒，无任何毒副作用，对人畜无害，不污染环境的巨大优势，消毒效果高于常见消毒剂，并且持续时间长，在任何条件下均可使用。是目前很具有潜力的无公害绿色消毒剂。环境消毒按 1 ∶ 1 000 倍稀释，对于畜体、饮水、器具消毒按 1 ∶ 500 倍稀释。对于口腔溃疡、蹄部和皮肤破溃直接用原液涂抹，效果较好。

二、免疫技术

（一）免疫接种的分类

免疫是动物体识别自我物质和排除异己物质的复杂的生物学反应，是动物在长期的进化过程中所形成的一种保护性生理功能。免疫具有抵抗外来病原体的感染、保持自身稳定和免疫监视的作用。正常情况下，免疫反应对动物体是有利的。只有在一些特定条件下，免疫反应也能导致不良的后果。

由遗传因素决定，羊出生后就具有的对某些病原微生物及其有毒产物的天然不感受性称为先天性免疫。这是动物在种族进化过程中，由于机体与微生物斗争的结果而建立起来的天然防御功能，例如，羊天然不感染鼻疽和猪瘟等。先天性免疫是羊的一种生物学特性，可以和其他的生物学特性一起遗传。羊出生后，在生长发育过程中获得的对某种病原微生物及其有毒产物的不感受性，称为获得性免疫或称后天性免疫。此种免疫具有特异性，即羊只对一定的病原体或毒素有抵抗力，而对其他的病原微生物或毒素仍有感受性。

获得性免疫可分为自然自动免疫、自然被动免疫、人工自动免疫、人工被动免疫 4 个类型。自动免疫是动物直接受到病原微生物或其产物的作用后，由其本身自动产生的免疫；而被动免疫则是依靠已经免疫的其他机体输给抗体被动形成的免疫。

根据免疫接种进行的时间不同，可分为预防接种和紧急接种 2 类：

①预防接种。在经常发生某些传染病的地区，或潜在流行的地区，或受到邻近地区传染病经常威胁的地区，为了防患于未然，在平时有计划地给健康羊群进行免疫接种称为预防接种。预防接种应根据当地传染病的发生和流行的情况，拟订每年的预防接种计划。如果某一地区从未发生过某种传染病，也没有从别处传染来的可能性，就没有必要进行该传染病的预防接种。

预防接种须按合理的免疫程序进行。一个地区、一个牧场可能发生的传染病不止一种，而可以用来预防这些传染病的疫（菌）苗性质又不尽相同，免疫期长短不一。因此，往往需要多种疫（菌）苗来预防不同的疫病，也需要根据各种疫（菌）苗的免疫特性来合理地确定预防接种次数和间隔时间，这就是所谓的免疫程序。没有统一的免疫程序，各地（场）应根据本地区（场）的实际，制定符合本地区（场）具体情况的免疫程序。

②紧急接种。是在发生传染病时，为了迅速控制和扑灭疫病的流行，而对疫区和受威胁区尚未发病羊群进行的免疫接种。从理论上讲，紧急接种以使用免疫血清较为安全有效。但血清用量大、价格高、免疫期短，且在大批羊群接种时往往供不应求，因此在实践中很少应用。实践证明，在疫区内使用某些疫（菌）苗进行紧急接种也是可行的。

在疫区内用疫苗作紧急接种时，必须对所有受到传染病威胁的羊群逐只进行详细观察和检查，仅能对正常无病的羊进行紧急接种，不能对已发病的羊进行紧急接种。

根据获得免疫的途径不同可分为：

①自然主动免疫。动物自然感染了某种传染病痊愈后，常能获得对该病的免疫力，称为自然主动免疫。此外，经受了某种不

显临床症状的隐性感染或轻微感染之后，也能产生这种免疫。

②自然被动免疫。动物在胚胎发育时期通过胎盘，或出生后通过初乳，由免疫母体被动地获得抗体而形成的免疫称为自然被动免疫。其持续时间很短，因而仅为幼畜所享有。羊的母体血液循环与胎儿血液循环之间隔着多层膜，所以母源抗体一般不能经胎盘传给胎儿，羊仅能在出生后从初乳中接受抗体，羊出生后及时喂给初乳是相当重要的。

③人工主动免疫。动物出生后接种菌苗、疫苗或类毒素等生物制品刺激以后，所产生的免疫称人工自动免疫。免疫持续时间与生物制品的性质、机体的反应性等因素不同而不同。接种弱毒活苗产生的免疫，有效期比较长；而接种灭活苗所形成的免疫，只能维持4～6个月。人工自动免疫是相对的免疫，即使免疫力很强的机体，其免疫状态也可能为病原微生物的大量入侵所破坏而发生传染病。因此，为了预防和控制传染病，除了按规定定期地给羊注射菌苗、疫苗或类毒素等生物制品外，还要注意提高机体的一般抵抗力，同时必须认真贯彻执行各种防疫和检疫制度。

④人工被动免疫。是指给动物注射含抗体的高免血清、免疫球蛋白或康复动物的血清后所获得的免疫。此外，为了治疗先天性或后天性免疫缺陷，也可对价值高的羊特别是种羊输入转移因子、干扰素、胸腺素、相容性组织抗原的同种供体淋巴细胞或进行骨髓移植、胎儿胸腺移植。这也属于人工被动免疫的范畴。这种免疫产生迅速，注射免疫血清数小时后，机体即可建立免疫性。但其持续时间短，一般仅为2～3周，这种免疫多用于紧急预防或治疗。临床上，为了预防初生羊的某些传染病，可先期给妊娠母羊注射菌苗或疫苗，使其获得或加强抗该病的免疫力，待分娩后，经初乳授予羔羊以特异性抗体，从而建立相应的免疫性。这种方式是人工自动免疫和天然被动免疫的综合应用。

（二）疫苗类型

疫苗是通过人工方法把病原微生物（病毒、细菌等）毒力致弱或灭活，使其失去致病性而又具有良好的免疫原性，接种动物后，动物可产生相应的免疫力，以抵抗病原微生物的感染和发病，这种制品均称为疫苗。

目前，市场上常用的动物疫苗可以分为活疫苗、灭活苗、多肽疫苗、基因工程疫苗等四大类。

1. 活疫苗 即弱毒苗，是利用从自然分离得到的天然弱毒株或经过人工致弱的毒株制造的疫苗。其毒力已经不能引起动物发病，但仍然保持着原有的免疫原性，并能在体内繁殖。因此，可用较少的免疫剂量诱导动物机体产生较强的免疫力，具有免疫期长、不影响动物产品品质等优点。活疫苗需要低温保存，为了延长保存期，常采用冻干保存，又称冻干疫苗。

2. 灭活苗 是将病原微生物经理化方法灭活后制造的疫苗，灭活后的病原生物仍然保持免疫原性，接种后使动物产生特异免疫力，又称为死疫苗。通常采用白油佐剂，又称为佐剂疫苗。其优点是使用安全和易于保存，免疫效果良好；缺点是接种剂量大，动物接种后免疫反应也较大。

3. 合成多肽疫苗 是通过化学合成病原微生物的保护性多肽，再加入佐剂制成的疫苗。多肽疫苗由于完全是合成的，不存在毒力回升或灭活不完全的问题，是一种新型疫苗。

4. 基因工程疫苗 是用分子生物学技术对病原微生物的基因组进行改造，以降低其致病性，提高其免疫原性，或将病原微生物组中的一个或多个对预防疫病有用的基因克隆到无毒的原核或真核表达载体上制成的疫苗。

常用于羊的疫（菌）苗种类较多，其保存、运输和使用方法应严格按照说明书要求执行，使用前要注意其品种、数量、有效期和瓶签上的说明。表 4-3 列出了肉羊常用的疫苗种类。

表 4-3 肉羊常用疫苗

疫苗名称	预防的疾病	接种方法和说明	免疫期
无毒炭疽芽胞苗	炭疽	绵羊，皮下注射 0.5 毫升，注射后 14 天产生坚强的免疫力；山羊不能用	1 年
第Ⅱ号炭疽芽胞苗		皮下注射 1 毫升，注射后 14 天产生免疫力	1 年
炭疽芽胞氢氧化铝佐剂苗		一般称浓芽胞苗，即无毒炭疽芽胞苗或第Ⅱ号炭疽芽胞苗的浓缩制品，使用时以 1 份浓苗加 9 份 20% 氢氧化铝胶稀释剂，充分混匀后即可注射，一般使用本苗可减少注射反应	1 年
布鲁氏菌猪型二号苗	布鲁氏菌病	口服接种：山羊、绵羊 100 亿个活菌 气雾接种：山羊、绵羊 20 亿～50 亿个活菌 皮下或肌内注射：山羊 25 亿个活菌，绵羊 50 亿个活菌	2 年
布鲁氏菌羊型五号苗		皮下注射：山羊、绵羊 10 亿个活菌 室内气雾免疫：山羊、绵羊 25 亿个活菌 室外气雾免疫：山羊、绵羊 50 亿个活菌 口服（饮水或灌服）：山羊、绵羊 250 亿个活菌	1.5 年

续表 4-3

疫苗名称	预防的疾病	接种方法和说明	免疫期
破伤风明矾沉降类毒素	破伤风	山羊、绵羊，皮下注射 0.5 毫升，注射后 1 个月产生免疫力	1年
破伤风抗毒素		供紧急预防或治疗用，皮下或静脉注射，治疗时可重复注射一至数次 预防用量：1200～3000 单位 治疗用量：5000～20000 单位	2周
羊快疫、猝狙、肠毒血症三联灭活苗	羊快疫、羊猝狙、羊肠毒血症	成年羊和羔羊一律皮下或肌内注射 5 毫升，注射后 2 周产生免疫力	6个月
羔羊痢疾灭活疫苗	羔羊痢疾	妊娠母羊分娩前 20～30 天皮下注射 2 毫升；第二次在分娩前 10～20 天皮下注射 3 毫升；第二次注射后 10 天产生免疫力	5个月，经哺乳可使羔羊获得被动免疫
羊黑疫、羊快疫混合灭活疫苗	羊黑疫、羊快疫	氢氧化铝菌苗：无论大小均皮下或肌内注射 3 毫升，14 天后产生免疫力	1年
羔羊大肠杆菌病灭活疫苗	大肠杆菌病	3 个月至 1 岁的羊，皮下注射 2 毫升，3 个月以上的羔羊，皮下注射 0.5～1 毫升；注射后 14 天产生免疫力	5个月
羊厌氧性菌氢氧化铝甲醛五联灭活疫苗	羊快疫、羊痢疾、羊猝狙、羊黑疫、痢疾	无论年龄大小，均皮下或肌内注射 5 毫升，注射后 14 天产生可靠的免疫力	6个月
肉毒梭菌（c型）灭活疫苗	肉毒梭菌中毒	绵羊皮下注射 4 毫升	1年

续表 4-3

疫苗名称	预防的疾病	接种方法和说明	免疫期
山羊传染性胸膜肺炎氢氧化铝灭活疫苗	山羊传染性胸膜肺炎	皮下注射：6 个月以下的山羊 3 毫升，6 个月以上的 5 毫升；注射后 14 天产生免疫力 本品限于疫区内使用，注射前应检查体温和健康状况，凡发病的不予注射，注射后 10 天内要经常检查，有反应者应进行治疗	1 年
羊痘鸡胚化弱毒疫苗	羊痘	冻干苗按瓶签上的用量，用生理盐水 50 倍稀释，振荡均匀后，无论大小，一律皮内注射 0.5 毫升，注射后 6 天产生免疫力	1 年
羊链球菌病活疫苗	山羊、绵羊败血性链球菌病	注射用苗以生理盐水稀释，气雾用苗以蒸馏水稀释，每只皮下注射 1 毫升（含 50 万个活菌），2 岁以下减半量	1年
伪狂犬病弱毒细胞苗	伪狂犬病	冻干苗先加 3.5 毫升中性磷酸盐缓冲液恢复原量，再稀释 20 倍，4 月龄以上至成年绵羊肌内注射 1 毫升，注苗后 6 天产生免疫力	1 年

（三）疫苗的运送与保存

1. 疫苗的运输　包括长途运输和短途运输。但不管远近，都必须遵循避光、低温冷藏的原则。

（1）近距离运输　可以用泡沫箱或保温瓶装上疫苗后，还要加适量冰块或冰袋，然后立即盖上泡沫箱盖或瓶盖，再用塑胶布封严方可起运，路上不要停留，尽快赶到目的地，放入冷箱中或立即使用。

（2）远距离运输　需要使用专用冷藏车才可进行长途运输，

路上还应检查冷藏设备的运行情况，以确保运输安全。到达后，应尽快入库冷藏。

2. 疫苗的保存 疫苗属生物制品，保存时应避光，切不可在日光下暴晒和紫外线下照射，生物制剂都需低温冷藏。弱毒类冻干苗需在－20℃保存，保存时间不超过2年。一些进口弱毒类冻干苗和灭活苗需在2～8℃环境下保存，时间一般为1年。组织细胞苗，需在－196℃的液氮中保存，所有生物制品保存时都应防止温度忽高忽低。更不应反复冻融。

（四）免疫注意事项

免疫接种是一种主动保护措施，通过激活免疫系统，建立免疫应答，使机体产生足够的抵抗力，从而保证群体不受病原侵袭。免疫反应是一个生物学过程，不可能对群体提供绝对的保护。影响免疫效果的因素：遗传和环境因素，患病、应激反应导致免疫反应受到抑制；疫苗使用不当等。

1. 疫苗注射注意事项

①要准备好预防接种的表格和给羊编号的器具，注射完毕后发给饲养员。

②兽医人员接种时需穿工作服和胶鞋，必要时戴口罩，工作前后均需洗手消毒，工作中不吸烟和吃食物。

③接种时，应严格执行消毒及无菌操作，注射器、针头、镊子等用毕后浸泡于消毒液中，时间至少1小时，洗净揩干后用白布分别包装好煮沸消毒15分钟。冷却后，再在无菌条件下装配注射器，包以消毒纱布，纳入消毒盒内待用。

④吸取疫苗时，先除去封口上的火漆或石蜡，用酒精棉球消毒瓶塞，瓶塞上固定一个针头专供吸取药液，吸液后不拔出，上盖酒精棉花，以便再次吸取。

⑤疫苗使用前，必须充分振荡，使其均匀混合才能使用。免

疫血清则不应振荡，沉淀不应吸取，并需随吸随注射。须经稀释后才能使用的疫苗，应按说明书的要求进行稀释。已经打开或稀释过的疫苗，必须当天用完，未用完的处理后弃去。

⑥每注射一头换一个针头，或者每注射一栏、一窝换一个针头，以防针头带菌。

⑦针筒排气溢出的药液，应吸积于酒精棉上，并将其收集于专用瓶内，用过的酒精或碘酊棉放于废物桶内，尚未用完的药液都放入专用瓶内，集中销毁。

2. 紧急接种注意事项　发生和流行某种传染病时，为了迅速控制和扑灭疫病的流行，而对受威胁区和疫区内未发病的羊进行应急性的接种。紧急接种时应注意以下几点：

①要考虑到该传染病的流行规律、地理环境、交通等具体情况和条件，划定疫区、疫点、受威胁区。

②紧急接种应在确诊的条件下进行。

③接种的顺序应从受威胁区开始，逐头注射以形成一个免疫带；然后是疫区内假定健康羊；再是可疑羊；最后是病羊。

④紧急接种时，每注射一头应调换一个针头。

⑤病羊的接种，特别是病毒性传染病，应采用 5～10 倍的剂量紧急接种，配合对症治疗，以达到治疗的目的。

⑥紧急接种应予隔离、消毒，必要时与封锁等措施相结合。

3. 影响疫苗接种效果的因素　接种时间、剂量、注射部位、疫苗质量等都会影响免疫效果。在集约化生产操作中，这些方面容易出现问题。接种疫苗后，建立免疫应答，产生免疫力，需要 2～3 周的时间。如果希望某个羊在某时间内对某病具有抵抗力，就必须在此时间之前的一段时间范围内进行免疫接种。集约化的生产往往集中进行各项工作，集中使用疫苗，于是对各群体同时进行免疫接种。操作仓促或时间延误，就会造成某些免疫过早，某些免疫过迟。所以，免疫接种时间和数量要精心组织，严格按要求进行。注射剂量同样影响免疫效果，用量不足，不足以激活免疫系统；用量过大，可能因毒力过大造成接种强毒，反而致病。有些疫苗对接种部位有特别要求，疫苗只有接种到要求的部位，机体才会建立快速的免疫应答；部位不准，则效价降低或无效。怀疑羊群有某种疾病，接种疫苗后又没有效果，应对病羊进行实验室诊断或送有关部门进行检测。有时可能是同一类疾病，但病原的血清型不同，也有可能属另一类疾病。遇有这种情况，建议请有关部门用本场病料制作疫苗，然后用于羊群免疫，效果较好。某些病甚至可以用强毒病料直接接种，这一措施迫不得已时才使用。

4. 疫苗接种反应

①全身反应　有少数动物在注射疫苗后，会产生过敏性休克，如震颤、流涎、腹胀、肺水肿及流产等；有时还会出现皮下水肿、瘙痒、皮肤出疹或渗出性湿疹、淋巴结肿大。有的动物注射疫苗，出现食欲减少、发热等症状，特别是用油佐剂疫苗时更为明显。另外，还有部分疫苗存在着残余致病力。

②局部反应　在使用灭活苗时多见，以注射部位水肿为特征，但很快消失。在炎症反应的病例，根据所用油剂的性质以及疫苗成分对注射部位的刺激作用，病变不同程度表现出坏死和化脓。油佐剂可引起肌肉变性、肉芽肿、纤维化或脓肿。预防性注射一般不出现反应，实践证明，大面积预防注射，由于疫苗问题而发生反应是少见的。所谓全身反应，一般表现为食欲减退、体温升高、流产等。

(五) 免疫接种途径

1. 肌内注射　适用于接种弱毒或灭活疫苗，注射部位在臀部及颈部两侧，一般使用 16 ～ 20 号针头。

2. 皮下注射　适用于接种弱毒或灭活疫苗，注射部位在股内侧、肘后。用大拇指及食指捏住皮肤，注射时，确保针头插入皮下，为此进针后摆动针头，如感到针头摆动自如，推压注射器的推管，药液极易进入皮下，无阻力感。如插入皮内，摆动针头时带动皮肤，且推动药液时可感到有阻力。

3. 皮内注射　注射部位为颈外侧和尾根皮肤皱襞，注射部位如有被毛的应先将其剪去，必要时清洗注射部位的污垢。用酒精棉花消毒后，左手拇指与食指顺皮肤的皱纹，从两边平行捏起一个皮褶，右手持注射器，使针头与注射平面平行刺入，即可刺入皮肤的真皮层中。应注意，刺时宜慢，以防刺出表皮或深入皮下。同时，注射药液后，在注射部位有一豌豆大或蚕豆大小的包，且小包会随皮肤移动，则证明确实注入皮内。然后用酒精棉球消毒皮肤针孔及周围。如做羊的尾根皮内注射，应将尾翻转，注射部位用酒精棉花消毒后，以左手拇指和食指将尾根皮肤绷紧，针头与皮肤平行方向慢慢刺入，并缓慢推入药液，如注射处有一豌豆大的小包，即表示注射成功。目前，此法一般用于羊痘弱毒疫苗等少数疫苗。

4. 口服　数量较多的羊逐头进行免疫，接种费时费力，且不能于短时间内达到全群免疫。因此，将疫苗均匀地混于饲料或饮水中，经口服后而获得免疫。口服免疫时，应按羊只数和每头羊的平均饮水量及采食量，准确计算疫苗用量。

为了使口服达到一定的效果，需注意以下问题：

①免疫前应停饮或停喂半天，以保证饮喂疫苗时每头羊都能饮一定量的水或吃入一定量的饲料。

②稀释疫苗的水应用纯净的冷水，不能用含有消毒药物的水，在饮水中最好能加入 0.1% 的脱脂奶粉。

③混有疫苗的饲料或饮水的温度，以不超过室温为宜。

④疫苗混入饲料或饮水后，必须迅速口服，不能超过 2 ～ 3 小时，最好在清晨，还应注意不要把疫苗暴露在阳光下。

⑤用于口服的疫苗必须是高效价的。

第五章　肉羊传染病与
寄生虫病防控技术

一、肉羊传染病防控技术

（一）炭　疽

炭疽病是一种人兽共患的急性、热性、败血性传染病，羊易患此病，绵羊、山羊可互相传染，绵羊更易感染。

【病　原】　病原为炭疽杆菌，其在病羊体内不形成芽胞，但在外界适宜的条件下可形成芽胞，芽胞呈椭圆形或圆形，形成芽胞的炭疽杆菌抵抗力非常强，在土壤中可存活 10 年以上。进行串珠试验时，炭疽菌呈串珠状或长链状。

【流行特点】　病羊是主要传染源，病羊及其排泄物常有大量菌体。若尸体处理不当，炭疽杆菌形成芽胞并污染土壤、水，羊采食或饮入污染的饲料或饮水而感染，也可经呼吸道或由吸血昆虫叮咬而感染，皮肤破损时也有被感染的危险。一年四季均可发生，但以夏季多雨季节发生较多。常呈散发或地方性流行。

【临床症状】　本病的潜伏期一般为 1～5 天。急性者，病羊突然发病，行走不稳或倒地，磨牙，全身痉挛，呼吸急促。口、鼻、肛门流出暗红色不易凝固的血液，数分钟内死亡。病程较慢者，可延续数小时，表现不安、战栗、呼吸困难和天然孔出血等。

【病理变化】　死于急性炭疽病的羊，天然孔流出凝固不良的血液，尸体很快发生膨胀腐败，尸僵不全。脾脏肿大，全身淋巴结出血和肿大。注意：死于本病或疑似病例的羊尸体禁止剖检。

【诊　断】　根据流行特点和临床症状可作出初步诊断。

【防控技术】

（1）预　防

①免疫接种　在发生过炭疽病的地区，皮下注射炭疽2号芽胞苗，每年1次。

②隔离封锁、紧急接种　疾病发生时，应立即封锁发病场所，并及时报告当地兽医防疫部门。病羊的尸体及粪便、垫草和其他废弃物品，应进行焚烧或深埋，深埋地点应远离水源、道路及牧地。被病羊污染的圈舍、场地、饲具，用20%漂白粉溶液或0.2%升汞溶液消毒。并紧急预防接种。

（2）治　疗

①抗炭疽血清30～60毫升，皮下或静脉注射，12小时后再注射1次。

②青霉素第一次用160万单位，以后每隔4～6小时用80万单位，肌内注射。

③链霉素，200万单位，肌内注射，每日2次。

（二）羊快疫

绵羊的一种急性传染病，以突然发病、病程短促、皱胃黏膜呈出血性炎性损害为特征。

【病　原】　本病的病原是腐败梭菌，可产生多种毒素。在动物体内外均能产生芽胞，不形成荚膜。一般要使用强力消毒药如20%漂白粉、3%～5%氢氧化钠等才能将其杀死。

【流行特点】　病羊多为6～18月龄营养较好的绵羊，山羊较少。多发于春、秋季节，羊采食了污染的饲料或饮水，当外界存在不良诱因，如气候骤变、阴雨连绵、体内寄生虫等时都可诱发本病。以散发为主，发病率低而病死率高。

【临床症状】

（1）最急性型　病羊突然停止采食和反刍，磨牙，腹痛，呻吟，四肢分开，后躯摇摆，呼吸困难，口鼻流出带泡沫的液体。痉挛倒地，四肢呈游泳状，2～6小时死亡。

（2）急性型　病初精神不振，食欲减退，行走不稳，排粪困难，卧地不起，腹部膨胀，呼吸急促，眼结膜充血，呻吟，流涎。粪便中带有炎性产物或黏膜，呈墨绿色。体温升高到40℃以上时呼吸困难，不久后死亡。

【病理变化】　可见刚死的羊皱胃底部及幽门附近的黏膜常有略低于周围正常黏膜的出血斑块和坏死区，黏膜下组织水肿，胸、腹腔及心包积液，心脏内外膜和肠道有出血点，胆囊多肿胀。肾肝等实质器官有程度不同的淤血。

【诊　断】　在羊生前诊断本病有困难，根据临床症状只能作出初步诊断，死后剖检可见皱胃出血，确诊需进行细菌学检验。

【防控技术】

（1）预防　由于本病的病程短促，往往来不及治疗。因此，必须加强平时的防疫措施。当牧场发生本病时，将病羊隔离，对病程较长的病例施行对症治疗。当本病发生严重时，转移牧地，可收到减少或停止发病的效果。因此，应将所有未发病羊转移到高燥地区放牧，加强饲养管理，防止受寒感冒，避免羊只采食冰冻饲料，早晨出牧不要太早。同时用疫苗进行紧急接种。在本病常发地区，每年可定期注射羊快疫、猝殂、肠毒血症三联苗，或羊快疫、猝殂、肠毒血症、羔羊痢疾、黑疫五联苗。

（2）治疗　病羊往往来不及治疗而死亡。对病程稍长的病羊可进行治疗。

①青霉素，肌内注射，每次80万～160万单位，每天2次。

②磺胺嘧啶，灌服，每次每千克体重5～6克，连用3～4次。

③10%～20%石灰乳,灌服,每次50～100毫升,连用1～2次。

④复方磺胺嘧啶钠注射液,肌内注射,每次每千克体重0.015～0.02克,每天2次。

⑤磺胺脒,每千克体重8～12克,第一天1次灌服,第二天分2次灌服。

(三)羊猝疽

羊猝疽是由产气荚膜梭菌C型（C型魏氏梭菌）引起的成年绵羊的一种急性毒血症,以急性死亡、腹膜炎和出血性坏死性肠炎为特征。

【病　原】　产气荚膜梭菌C型属于梭菌属,为革兰氏阳性厌气大杆菌。在动物体内形成荚膜。在土壤、污水、饲料及粪便中广泛存在。

【流行特点】　病菌随污染的饲料和饮水进入羊消化道,在小肠尤其十二指肠和空肠内繁殖,产生β毒素,引起羊发病。幼龄和成年绵羊均可感染,尤以1～2岁的绵羊最易感染。多发生在冬、春季节,呈地方性流行。常见于低洼、沼泽地区。

【临床症状】　病程短促,表现为急性中毒的毒血症症状,常未见到症状即突然死亡。病程稍长时,可见病羊离群,卧地,表现烦躁不安、衰弱和痉挛,于数小时内死亡。

【病理变化】　十二指肠和空肠黏膜严重出血、糜烂,有的区段可见大小不等的溃疡灶。胸腔、腹腔和心包腔有大量清亮的淡黄色渗出液,渗出的液体暴露于空气后可形成纤维素絮块。浆膜上有针尖大小的点状出血。死后8小时,骨骼肌肌间隙积有血液,肌肉出血,有气性裂孔。

【诊　断】　根据成年绵羊突然发病死亡,剖检可见糜烂性和溃疡性肠炎,胸腔、腹腔和心包积液,可作出初步诊断。确诊需做细菌分离鉴定和从小肠内容物里检查有无β毒素。本病应注意与羊快疫、羊肠毒血症、羊黑疫、巴氏杆菌病、肉毒梭菌中毒和炭疽等类似疾病相鉴别。

【防控技术】 加强平时饲养管理，提高机体抵抗力。防止羊只受寒感冒，禁止饲喂冻结饲料或饲喂大量蛋白质、青贮饲料。避免清晨过早放牧，发病后立即更换牧场。

1. 预防 在本病流行地区，每年按免疫计划定期注射羊快疫、羊猝狙、羊肠毒血症三联疫苗或羊快疫、羊猝狙、羊肠毒血症、羔羊痢疾、羊黑疫五联疫苗。发病时可进行紧急接种。

2. 治 疗

①青霉素，每次 160 万～240 万单位，肌内注射，每天 2 次。

②复方磺胺嘧啶钠注射液，每千克体重 15～20 毫克，肌内注射，每天 2 次。

③磺胺脒，每千克体重 8～10 克，灌服，每天 2 次。

④磺胺嘧啶，每千克体重 6～8 克，灌服，每天 1 次，连用 3～4 次。

⑤ 10%～20% 石灰乳糖，每次 50～100 毫升，灌服。

（四）羊肠毒血症

羊肠毒血症又称软肾病、类快疫，是由魏氏梭菌在羊肠道内繁殖产生毒素所引起的绵羊急性传染病。

【病 原】 魏氏梭菌为革兰氏阳性的厌气粗大杆菌，可形成荚膜，故又称为产气荚膜杆菌，可产生多种肠毒素，导致全身性毒血症。

【流行特点】 以绵羊发病为多，山羊较少，通常以 2～12 月龄、膘情好的羊为主。经消化道而发生内源性感染。春夏之交或秋季牧草结籽后的一段时间发病较多。多呈散发性流行。

【临床症状】 该病发生突然，病羊呈腹痛、肚胀症状，常离群呆立、卧地或独自奔跑。濒死期发生肠鸣或腹泻，排出黄褐色水样粪便。全身颤抖，磨牙，头颈向后弯曲，口鼻流沫，常于昏迷中死亡。体温一般不高。血、尿常规检查常有血糖、尿糖升高现象。

【病理变化】 皱胃内常见残留未消化的饲料。肾脏软化如泥样。肠充血、出血，严重者整个肠段肠壁呈血红色。体腔积液。心脏扩张，心内、外膜有出血点。脑膜出血，脑实质内有液化性坏死灶。全身淋巴结肿大，切面呈黑褐色。

【诊 断】 根据临床症状和病理变化可作出初步诊断。

【鉴别诊断】

（1）炭疽 可致各种年龄羊发病，临床表现明显的体温反应，黏膜呈蓝紫色，死后尸僵不全，天然孔流血，脾脏高度肿大。细菌学检查可发现有荚膜的炭疽杆菌。

（2）巴氏杆菌病 病程多在1天以上，临床表现体温升高，皮下组织出血性胶样浸润，后期呈现肺炎症状。病料涂片可见革兰氏阴性、两极浓染的巴氏杆菌。

（3）大肠杆菌病 多发于6周龄以内的小羊；肾脏表面多青紫色，但不软化；各脏器内可培养出大肠杆菌。

【防控技术】

（1）预防 农区、牧区春夏之际少抢青、抢茬；秋季避免吃过量结籽饲草；发病时移圈至高燥地区。常发区定期注射羊厌气菌病三联苗或五联苗，大小羊只一律皮下或肌内注射5毫升。

（2）治疗 该病由于病程短促，往往来不及治疗。病程稍长者，可用青霉素80万～160万单位，肌内注射，1日2次；或内服磺胺嘧啶，每次5～6克，连服3～4次；或将10%安钠咖10毫升加于5%葡萄糖溶液500～1 000毫升中静脉滴注；也可内服10%～20%石灰乳，每次50～100毫升，连服1～2次。

（五）羔羊梭菌性痢疾

羔羊梭菌性痢疾是初生羔羊的一种急性毒血症，以剧烈腹泻和小肠发生溃疡为特征。本病常可使羔羊发生大批死亡，给养羊业带来重大损失。

【病　原】　病原为 B 型魏氏梭菌。羔羊在出生后数日内，魏氏梭菌可以通过哺乳、饲养员的手和粪便而进入羔羊消化道。母羊妊娠期营养不良，羔羊体质瘦弱；气候寒冷，羔羊受冻；哺乳不当，羔羊饥饱不匀，抵抗力减弱，细菌大量繁殖，产生毒素，均可诱发。

【流行特点】　本病主要危害 7 日龄以内的羔羊，其中又以 2 ～ 3 日龄的发病最多，7 日龄以上的很少患病。传染途径主要是通过消化道，也可能通过脐带或创伤。

【临床症状】　潜伏期为 1 ～ 2 天，病初精神委顿，低头拱背，不吃奶。不久发生腹泻，粪便恶臭，有的稠如面糊，有的稀薄如水，到了后期，有的还含有血液，直到成为血便。病羔逐渐虚弱，卧地不起。若不及时治疗，常在 1 ～ 2 天死亡。

羔羊以神经症状为主者，四肢瘫软，卧地不起，呼吸急促，口流白沫，最后昏迷，头向后仰，体温降至常温以下，常在数小时到十几小时内死亡。

【病理变化】　尸体严重脱水，尾、臀部和后肢有稀粪污染，皱胃内有乳凝块。肠黏膜有程度不同、范围不等的发炎，有的溃烂；若病期稍长，溃烂更为明显，由肠壁外面即可透视到溃烂区域。肠系膜淋巴结肿胀，充血或出血。心包积液、心内膜有出血点。急性者，肠内容物混有血液。

【诊　断】　在常发地区，依据流行病学、临床症状和病理变化一般可以作出初步诊断。确诊应从新鲜尸体采取小肠内容物、肠系膜淋巴结和肝脏等，进行细菌和毒素检验。

【防控技术】

（1）预防　加强妊娠羊饲养，使胎羔发育良好。注意产羔期的卫生消毒和护理。在产羔季节前彻底清扫和消毒羊舍及产栏，接羔时特别注意消毒；对新生羔羊加强保温，保证吃足初乳。羔羊出生后 4 小时之内皮下注射魏氏梭菌 B 型高免血清 4～5 毫升。每年秋季注射羔羊痢疾苗或厌气菌七联干粉苗，产前 2～3 周再接种 1 次。羔羊出生后 12 小时内，灌服土霉素 0.15～0.2 克，每日 1 次，连续灌服 3 天。

（2）治疗　方法较多，各地应用效果不一，应根据当地条件和实际效果选用。

①土霉素 0.2～0.3 克，或再加胃蛋白酶 0.2～0.3 克，加水灌服，每日 2 次。

②磺胺脒 0.5 克，鞣酸蛋白 0.2 克，次硝酸铋 0.2 克，碳酸氢钠 0.2 克，加水灌服，每日 3 次。

③先灌服含 0.2% 甲醛的 6% 硫酸镁溶液 30～60 毫升，6～8 小时后再灌服 1% 高锰酸钾溶液 10～20 毫升，每日服 2 次。

在选用上述药物的同时，还应针对其他症状进行对症治疗。也可使用中药治疗。

（六）羊黑疫

羊黑疫又称传染坏死性肝炎，是羊的一种急性高度致死性毒血症。绵羊、山羊均可发生。本病以肝实质发生坏死性病灶为特征。

【病　原】　本病的病原是 B 型诺维氏梭菌，严格厌氧，可形成芽胞，不产生荚膜，具有周身鞭毛，能运动。本菌产生的外毒素，通常分为 A、B、C 3 型。

【流行特点】　主要在春、夏季发生于肝片吸虫流行的低洼潮湿地区。诺维梭菌广泛存在于土壤中，当羊采食被此菌芽胞污染的饲料后，芽胞由胃肠壁进入肝脏。当肝脏受未成熟的游走肝片吸虫损害，发生坏死以致其氧化还原电位降低时，存在于该处的芽胞即获得适宜的条件，迅速生长繁殖，产生毒素，进入血液循环，发生毒血症，损害神经元和其他与生命活动有关的细胞，导致急性休克而死亡。因此,本病的发生与肝片吸虫的感染密切相关。本病主要侵害 2 ～ 4 岁以上的成年绵羊,山羊也可感染此病。

【临床症状】　本病的临床症状与羊肠毒血症、羊快疫极其相似。发病急,常突然死亡。少数病例病程可拖延至 1 ～ 2 天。病羊表现掉群,不食,体温升高,呼吸困难,昏睡,俯卧,无痛苦地突然死亡。

【病理变化】　皮下静脉显著淤血,使羊皮呈暗黑色外观。皱胃和小肠充血、出血。肝脏表面和深层有数目不等的灰黄色坏死灶,周围有一鲜红色充血带围绕,切面呈半月形。

【诊　断】　根据临床症状、羊皮呈暗黑色外观等病理变化可以作出初步诊断。确诊需做实验室检查,采集肝脏坏死灶边缘的组织制成涂片,染色镜检,可见粗大、两端钝圆的菌体。

【防控技术】

(1)预防　控制肝片吸虫的感染,定期注射羊厌气菌病五联苗,皮下或肌内注射 5 毫升。发病时,迁圈至高燥处,也可用抗诺维梭菌血清早期预防,皮下或肌内注射 10 ～ 15 毫升,必要时重复 1 次。

(2)治疗

①病程缓慢的病羊,可用青霉素 80 万～ 160 万单位,肌内注射,每天 2 次。

②抗诺维梭菌血清 50 ～ 80 毫升,皮下、肌内或静脉注射,连用 1 ～ 2 次。

(七)破伤风

破伤风又名锁口风、耳直风,是由破伤风梭菌经伤口感染引起的一种急性、中毒性传染病。其特征为全身或部分肌肉发生痉挛性收缩,躯体出现强直症状。本病为散发,无季节性。

【病　原】　病原为破伤风梭菌。该菌又称强直梭菌,多单个存在，形成芽胞。本菌为厌氧菌，一般消毒药如 10% 碘酊、10% 漂白粉液及 3% 过氧化氢均能在短时间内杀死。但其芽胞具有很强的抵抗力，煮沸 10～90 分钟才能杀死。在土壤表层能存活数年。本菌对青霉素敏感，磺胺药次之；链霉素无效。

【流行特点】 本病通常由伤口污染含有破伤风梭菌芽胞的物质引起。当伤口小而深，创伤内发生坏死或创口被泥土、粪便、痂皮封闭或创内组织损伤严重、出血、有异物，或在与需氧菌混合感染的情况下，破伤风梭菌才能生长发育、产生毒素，引起发病。母羊多发生于产死胎和胎衣不下的情况下，有时是由于难产助产中消毒不严格，以致在阴唇结有厚痂的情况下发生本病。也可以经胃肠黏膜的损伤感染。病菌侵入伤口以后，在局部大量繁殖，并产生毒素，危害神经系统。由于本菌为专性厌氧菌，故被土壤、粪便或腐败组织所封闭的伤口最容易感染和发病。

【临床症状和病理变化】 本病的潜伏期为 5～20 天，但在特殊情况下可能延长。四肢僵硬，头向后仰，初发病时仅步行稍不自然，不易引起注意。病势发展后，则双耳直硬，牙关紧闭，不能进食，口腔内黏液多。颈部及背部强硬，头偏于一侧或向后弯曲。症状轻微时，脉搏和体温无大变化。严重时，体温增高，脉搏细而快，心脏跳动剧烈。后期常因急性胃肠炎而发生腹泻。死亡率很高。本病病理变化无特征性。

【诊 断】 根据创伤史和典型的临床症状即可作出初步判断。确诊需要从创伤感染部位取材，进行细菌的分离和鉴定，结合动物实验进行诊断。本病要注意与马钱子中毒、癫痫、脑膜炎、狂犬病及急性风湿病等疾病相鉴别。

【防控技术】

（1）预 防

①防止外伤发生。

②用破伤风类毒素注射，绵羊及山羊均皮下注射 0.5 毫升，1

年2次。在发生创伤和手术有感染危险时，再注射1次。

③发生外伤时，应及时处理。创伤较大且较深，或在做手术尤其是阉割术时，肌内注射抗破伤风血清1万～3万单位。

（2）治疗　以中和毒素、解痉、消除病原为主，辅以对症治疗。

①中和毒素　静脉注射抗破伤风血清，羔羊用量为10万～20万单位，成年羊用量为20万～40万单位，全量血清分3天注射，也可一次治疗用足全量。同时，应用40%乌洛托品，羔羊15毫升，成年羊25毫升，静脉注射，每天1次，连用7～10天。

②解痉　每只用25%硫酸镁溶液20毫升，静脉或肌内注射。

③消除病原　先使用抗毒素，而后处理感染创口。充分除去创伤内的脓汁、异物、坏死组织及痂皮等，创伤深、创口小的需扩创，用3%过氧化氢溶液或2%高锰酸钾溶液清洗，再用5%～10%碘酊涂擦，创口内撒布碘仿磺胺粉（碘仿1份，氨苯磺胺9份）。除了局部治疗外，全身用青霉素200万单位，肌内注射，每天上午、下午各注射1次，连续1周。

（八）羔羊大肠杆菌病

羔羊大肠杆菌病是大肠杆菌引起的一种急性传染病，多发生在初生羔羊，主要表现急性败血症和胃肠炎，死亡率很高。

【病　原】　病原是致病性大肠杆菌，本菌对外界抵抗力不强，一般消毒药能迅速将其杀死。

【流行特点】　多发生于数天至6周龄的羔羊，呈地方性流行，也有散发的。气候不良、营养不足、场地潮湿污秽等，易造成发病；主要在冬春舍饲期间发生；经消化道感染发病。

【临床症状】　潜伏期1～2天，分为败血型和下痢型2种类型。败血型多发于2～6周龄的羔羊，病羊体温41～42℃，精神沉郁，迅速虚脱，有轻微的腹泻或不腹泻，有的带有神经症状，共济失调，磨牙，视力障碍，也有的病例出现关节炎，多于病后4～12小时死亡。

下痢型多发于 2～8 日龄的新生羔，病初体温略高，出现腹泻后体温下降，粪便呈半液体状，带气泡，有时混有血液，羔羊表现腹痛，虚弱，严重脱水，不能起立；如不及时治疗，可于 24～36 小时死亡。

【病理变化】

（1）败血型　　胸、腹腔和心包大量积液，内有纤维素；关节肿大，内含混浊液体或脓性絮片。脑膜充血，有很多小出血点。

（2）下痢型　　肠系膜充血、水肿和出血，肠系膜淋巴结肿胀；肠黏膜充血、水肿，内容物混有血液和气泡。

【诊　断】　　根据流行病学、临床症状可作出初步诊断，确诊需进行细菌学检查。

【防控技术】

（1）预　防

①加强妊娠母羊的饲养管理，确保新产羔羊的健壮，以增强机体抵抗力。

②改善羊舍的环境卫生，做到定期消毒，尤其是在母羊分娩前后对羊舍彻底消毒 1～2 次。

③注意羔羊防寒保暖工作，尽早让羔羊吃到足够的初乳。

④对污染的环境、用具，可用 3%～5% 来苏儿消毒。

（2）治　疗

①使用四环素、强力霉素、新霉素、黄连素等抗生素，并发肺炎者可注射青霉素或恩诺沙星。

②调整胃肠功能，纠正酸中毒，防止脱水需补充 5% 葡萄糖生理盐水 500 毫升。

③硫酸镁、甲醛、高锰酸钾疗法：用胃管灌服 6% 硫酸镁溶液（含 0.2% 甲醛）40 毫升，经 6～8 小时再灌服 1% 高锰酸钾溶液10～20 毫升，未愈的可再灌服高锰酸钾溶液 1～2 次。

（九）布鲁氏菌病

布鲁氏菌病又称布病，是由布鲁氏菌引起的人兽共患传染病。该病在我国民间也被称为"波浪热"、"流产病"、"懒汉病"或"爬床病"等。

【病　原】　病原为羊型布鲁氏菌，又称马耳他布鲁氏菌。它存在于病畜的生殖器官、内脏和血液中。该菌对寒冷的抵抗力较强，低温下（-20℃）可存活 1 个月左右。干燥的土壤中可存活 37 天，在冷暗处和胎儿体内可存活 6 个月。巴氏消毒法可以杀灭该菌，70℃ 10 分钟可杀死，高压消毒瞬间即亡。该菌对消毒剂较敏感，1% 来苏儿、2% 福尔马林、5% 生石灰水 15 分钟可杀死该菌。

【流行特点】　该病的传染源主要是病畜及带菌动物，最危险的是受感染的妊娠母畜，在流产和分娩时，将大量病原随胎儿、胎水和胎衣排出。本病主要通过采食被污染的饲料、饮水，经消化道感染，也可经皮肤、黏膜、呼吸道以及生殖道感染。与病羊接触、加工病羊肉而不注意消毒的人易感本病。本病不分性别、年龄，一年四季均可发生。

【临床症状】　本病常不表现症状，首先被注意到的症状是流产。流产前食欲减退、口渴、精神委顿、阴道流出黄色黏液。流产多发生于妊娠后的第三、第四个月。流产母羊多数胎衣不下，继发子宫内膜炎，影响受胎。公羊表现睾丸炎，阴囊肿胀拖地，行走困难，拱背，饮食减少，逐渐消瘦，失去配种能力。还有乳房炎、支气管炎、关节炎等症状。

【病理变化】　主要发生在生殖器官。急性期时附睾尾比正常大 1～2 倍，精索呈结节或串珠状。胎盘水肿，子叶出血、坏死。胎儿皱胃中有淡黄色或白色黏液絮状物，脾和淋巴结肿大，肝出现坏死灶，胃肠和膀胱的浆膜与黏膜下可见有点状或线状出血。

【诊　断】　根据流行病学、临床症状、流产胎儿及胎膜的变化即可确诊。目前，最常用的诊断方法是血清学诊断，其中以平板凝集试验和试管凝集试验为准。

【防控技术】 目前，本病尚无特效的药物治疗，只有加强预防检疫。

（1）定期检疫 羔羊每年断奶后进行 1 次检疫。成羊 2 年检疫 1 次或每年预防接种而不检疫。对检出的阳性羊要扑杀处理。

（2）免疫接种 当年新生羔羊通过检疫呈阴性的，用 2 号弱毒活菌苗内服或注射。灌服，不分大小每只 500 亿个活菌；肌内注射，每只 25 亿个活菌。

（十）链球菌病

羊链球菌病俗称"嗓喉病"，是羊的一种急性、热性、败血性传染病。以颌下淋巴结和咽喉肿胀，大叶性肺炎，呼吸异常困难，各脏器出血，胆囊肿大为特征。

【病　原】 病原是链球菌，该菌对外界抵抗力较强，而对一般的消毒药物抵抗力较差，常用的消毒药如 2% 苯酚、0.1% 升汞、2% 来苏儿及 0.5% 漂白粉可将其杀死。

【流行特点】 本病主要发生于绵羊，山羊次之。病羊和带菌羊是本病的主要传染源，通常经呼吸道排出病原体，也可通过损伤的皮肤、黏膜以及羊虱蝇等吸血昆虫叮咬传播。病死羊的肉、骨、皮、毛等可散播病原，在本病传播中具有重要作用。新发病区常呈流行性发生，老疫区则呈地方性流行或散发性流行。本病菌一般于冬、春季节气候寒冷、草质不良时多发。

【临床症状】 本病的潜伏期，自然感染时为 2～7 天，少数可达 10 天。

（1）最急性型 病羊症状不明显，常于 24 小时内死亡。

（2）急性型 病初体温升高到 41℃ 以上，精神萎靡，垂头，呆立，不愿行走。食欲减退或废绝，停止反刍。眼结膜充血，流浆液性分泌物，鼻腔流出浆液性脓性鼻汁。咽喉肿胀，下颌淋巴结肿大，呼吸困难，流涎，咳嗽。粪便有时带有黏液或血液。妊娠羊阴门红肿，多发生流产。最后衰竭倒地，多数窒息死亡。病程2～3天。

（3）亚急性型　体温升高，食欲减退。流黏性透明鼻汁，咳嗽，呼吸困难。粪便稀软，带有黏液或血液。喜卧，不愿走动，行走时步态不稳。病程1～2周。

（4）慢性型　一般轻度发热、消瘦、食欲不振、腹围缩小、步态僵硬；有的病羊咳嗽，有的出现关节炎。病程1个月左右，最终死亡。

【病理变化】　剖检可见皮下结缔组织充血，咽喉部高度水肿，胸腔内有深黄色的胶样渗出液，肺实质出血，呈浆液纤维素性肺炎。心内、外膜都有点状出血。肝脏肿大，表面有出血点。胆囊肿大，充满墨绿色胆汁。脑膜充血、出血。肾脏质地变脆、变软，肿胀，被膜不易剥离。小肠黏膜脱落，肠内容物混有血液。肠系膜淋巴结出血，肿大。

【诊　断】　根据临床症状（呼吸困难）、病理变化（纤维素性肺炎、胆囊肿大）可作出初步诊断。确诊需进行实验室诊断，取心血、肝、脾、肾接种于血液琼脂平板可分离出本菌，也可进行动物接种试验。

【防控技术】　加强饲养管理，做好抓膘、保膘及保暖防风、防冻、防拥挤等工作。定期消灭羊体内外寄生虫。做好羊圈及场地、用具的消毒工作。入冬前，用链球菌氢氧化铝甲醛菌苗进行预防注射，羊只不分大小，一律皮下注射3毫升，3月龄内羔羊14～21天后再免疫注射1次，免疫期可维持半年以上。

发病后，对病羊和可疑羊要分别隔离治疗，场地、器具等用10%石灰乳或3%来苏儿严格消毒，羊粪及污物等堆积发酵，病死羊进行无害化处理。

高热者每只用30%安乃近3毫升肌内注射,病情严重食欲废绝的给予强心补液,5%葡萄糖盐水500毫升,安钠咖5毫升,维生素C 5毫升,地塞米松10毫升,静脉滴注,每天2次,连用3天。

早期可选用青霉素或磺胺类药物进行治疗。每次肌内注射青霉素80万～160万单位,每日2次,连用2～3日。内服碘胺嘧啶,每次5～6克(小羊减半),用药1～3次;或内服复方新诺明,每次每千克体重25～30毫克,每日2次,连用3天。

(十一)支原体性肺炎

羊支原体性肺炎又称羊传染性胸膜肺炎,是由支原体引起的羊的一种高度接触性传染病。本病以发热、咳嗽、浆液性和纤维蛋白性肺炎以及胸膜炎为特征。

【病　原】　引起山羊支原体性肺炎的病原体为丝状支原体山羊亚种。其对理化因素抵抗力弱,对红霉素高度敏感,四环素对其也有较强的抑制作用,但对青霉素、链霉素不敏感。而绵羊肺炎支原体则对红霉素不敏感。

【流行特点】　自然条件下,丝状支原体山羊亚种只感染山羊,以3岁以下的羊发病为主;而绵羊肺炎支原体则可感染山羊和绵羊。病羊为主要传染源,病肺组织以及胸腔渗出液中含有大量病原体,耐过羊在相当长的时期内也可成为传染源。本病常呈地方性流行,主要通过空气、飞沫经呼吸道传播,接触传染性强。阴雨连绵,寒冷潮湿,营养缺乏,羊群密集、拥挤等不良因素易诱发本病。

【临床症状】　潜伏期平均18～20天。病初体温升高,精神沉郁,食欲减退。随即咳嗽,流浆液性鼻涕。4～5天后咳嗽加重,干咳而痛苦,浆液性鼻涕变为黏脓性,常黏于鼻孔、上唇,呈铁锈色。病羊多在一侧出现胸膜肺炎变化,肺部叩诊有实音区,听诊呈支气管呼吸音或呈摩擦音,触压胸壁,羊表现敏感、疼痛。病羊呼吸困难，高热稽留，眼睑肿胀，流泪或有黏液、脓性分泌物，腰背起伏呈痛苦状。妊娠母羊可发生流产，部分羊肚胀腹泻，有些病例口腔溃烂。病羊在濒死前体温降至常温以下，病期多为 7 ～ 15 天。

【病理变化】　胸腔有淡黄色积液，呈纤维蛋白性肺炎；肺实质硬变，切面呈大理石样变化。胸膜增厚而粗糙，常与肋膜、心包膜发生粘连。支气管淋巴结、纵隔淋巴结肿大，切面多汁并有出血点。心包积液，心肌松弛、变软。肝脏、脾脏肿大，胆囊肿胀。肾脏肿大，被膜下可有小点状出血。

【诊　断】　根据临床症状和病理变化可作出诊断。

【防控技术】　加强饲养管理，增强羊的体质；坚持自繁自养，勿从疫区引进羊只；对从外地引进的羊，严格隔离，检疫无病后方可混群饲养。本病流行区坚持免疫接种。山羊传染性胸膜肺炎氢氧化铝灭活疫苗，半岁以下羊只皮下或肌内注射 3 毫升，半岁以上羊接种 5 毫升；如当地羊群疾病由于羊肺炎支原体所引起，可使用绵羊肺炎支原体灭活疫苗。

羊群发病后，及时进行封锁、隔离和治疗。污染的场地、厩舍、饲养用具以及粪便、病死羊的尸体等进行彻底消毒或无害化处理。

治疗可选用土霉素，每日每千克体重 20 ～ 50 毫克，分 2 ～ 3 次服完。3 ～ 5 日为一疗程。也可使用磺胺类药物如复方新诺明等进行治疗。

（十二）口蹄疫

口蹄疫是由口蹄疫病毒引起的急性、热性、高度接触性传染病。其临床特征是病羊口腔黏膜、蹄部和乳房发生水疱和溃疡，在民间俗称"口疮"、"蹄癀"。

【病　原】　口蹄疫病毒具有多型性和变异性，根据抗原的不同，可分为 O、A、C、亚洲 I、南非 I、南非 II、南非 III 等 7 个不同的血清型和 65 个亚型，各型之间均无交叉免疫性。口蹄疫病毒具有较强的环境适应性，耐低温，不怕干燥。该病毒对酚类、酒精、氯仿等不敏感，但对日光、高温、酸碱的敏感性很强。常用的消毒剂有 1%～2% 氢氧化钠、30% 草木灰、1%～2% 甲醛、0.2%～0.5% 过氧乙酸、4% 碳酸氢钠溶液等。

【流行特点】　病畜和带毒动物是该病的主要传染源，痊愈家畜可带毒 4～12 个月。病毒在带毒畜体内可产生抗原变异，产生新的亚型。本病主要靠直接和间接接触性传播，消化道和呼吸道传染是主要传播途径，也可通过眼结膜、鼻黏膜、乳头及伤口感染。空气传播对本病的快速大面积流行起着十分重要的作用，常可随风散播到 50～100 千米外发病。

【临床症状】　羊感染口蹄疫病毒后一般经过 1～7 天的潜伏期出现症状。病初体温可达 40～41℃，精神沉郁，食欲减退或拒食，脉搏和呼吸加快。口腔、蹄、乳房等部位出现水疱、溃疡和糜烂。严重病例可在咽喉、气管、前胃等黏膜上发生圆形烂斑和溃疡，上盖黑棕色痂块。绵羊蹄部症状明显，口黏膜变化较轻。山羊症状多见于口腔，病羊口流泡沫，挂满嘴角；水疱见于硬腭和舌面，蹄部病变较轻。病羊水疱破溃后，体温即明显下降，症状逐渐好转。妊娠母羊常流产，乳用山羊有时可见乳头上有病变，奶量减少。哺乳羔羊特别容易染病，多发生出血性胃肠炎，也可能发生恶性口蹄疫，由于急性心脏麻痹而死亡，死亡率可达 20%～50%。

【病理变化】　除口腔、蹄部的水疱和烂斑外，病羊消化道黏膜有出血性炎症，心肌色泽较淡，质地松软，心外膜与心内膜有弥散性及斑点状出血，心肌切面有灰白色或淡黄色、针头大小的斑点或条纹，如虎斑，称为"虎斑心"，以心内膜的病变最为显著。

【诊　断】　根据本病流行病学、临床症状及病理变化，不难作出诊断，必要时可采取病羊水疱皮或水疱液、血清等送实验室进行确诊。

【防控技术】

（1）预　防

①无病地区严禁从有病国家或地区引进动物及动物产品、饲料、生物制品等。来自无病地区的动物及其产品，也应进行检疫。检出阳性动物时，全群动物进行销毁处理，运载工具、动物废料等污染器物应就地消毒。

②无口蹄疫地区，一旦发生疫情，应采取果断措施，对患病羊群进行隔离，对被污染的环境严格、彻底消毒。

③口蹄疫流行区，坚持免疫接种。用当地流行毒株同型的口蹄疫弱毒疫苗或灭活疫苗接种动物。由于牛、羊的弱毒疫苗对猪可能致病，安全性差，故目前已改用口蹄疫灭活疫苗。

④当羊群发生口蹄疫时，应立即上报疫情，及时确诊，划定疫点、疫区和受威胁区，实施隔离封锁措施，对疫区和受威胁区的未发病羊进行紧急免疫接种。

（2）治疗　　发生口蹄疫后，一般经 10 ～ 14 天可望自愈。为促进病畜早日康复，缩短病程，特别是防止感染和死亡，在严格隔离条件下，及时对病羊进行治疗。对病羊首先要加强护理，例如圈棚要干燥，通风要良好，供给柔软饲料（如青草、面汤、米汤等）和清洁的饮水，经常消毒圈棚。在加强护理的同时，根据患病部位不同，给予不同治疗。

①口腔患病　　用 0.1% ～ 0.2% 高锰酸钾、0.2% 福尔马林、2% ～ 3% 明矾或 2% ～ 3% 醋酸（或食醋）洗涤口腔，然后给溃烂面上涂抹碘甘油或 1% ～ 3% 硫酸铜，也可撒布冰硼散。

②蹄部患病　　用 3% 煤酚皂溶液、1% 福尔马林或 3% ～ 5%

硫酸铜蹄浴。也可以用消毒软膏（如1∶1的木焦油凡士林）或10%碘酒涂抹，然后用绷带包裹。

③乳房患病　应小心挤奶，用2%～3%硼酸水清洗乳头，然后涂以消毒药膏。

④恶性口蹄疫　对于恶性口蹄疫的病羊，应特别注意心脏功能的维护，及时应用强心剂和葡萄糖注射液。为了预防和治疗继发性感染，也可以肌内注射青霉素。口服结晶樟脑，每次1克，每天2次，效果良好。

（十三）羊　痘

羊痘是羊的一种急性、热性、接触性传染病。该病以无毛或少毛的皮肤和黏膜上生痘疹为特征。

【病　原】　病原为羊痘病毒，有山羊痘和绵羊痘2种，二者之间一般不会形成交叉感染。绵羊痘是由绵羊痘病毒引发，是多种家畜痘病中危害最严重的一种热性接触性传染病，具有典型病理过程，在无毛或少毛的皮肤和黏膜上发生特征性痘疹。山羊痘的病原为山羊痘病毒，该病较少见，其临床症状和病理变化与绵羊痘相似，但症状较轻。羊痘病毒对热、直射阳光、碱和大多数常用消毒药(酒精、碘酊、红汞、福尔马林、来苏儿、苯酚等)均较敏感。该病毒耐干燥，在干燥的疮皮内能存活数年，在干燥羊舍内可存活8个月。

【流行特点】　该病主要通过呼吸道及飞沫和尘土传播，也可通过损伤的皮肤及消化道传播。被病羊污染的用具、饲料、垫草、病羊的粪便、分泌物、皮毛和外寄生虫都可成为传播媒介。该病多发生于春、秋两季，常呈地方性流行或广泛流行。

【临床症状】　病初体温升高至41～42℃，精神不振，食欲减退，拱腰发抖，流泪，咳嗽，鼻孔有黏性分泌物。2～3天后在羊的嘴唇、鼻端、眼睛周围、乳房、肛门周围及四肢内侧等处的皮肤上发生红疹，继而体温下降，红疹逐渐突出，形成丘疹。数日后丘疹内有浆液性渗出物，中心凹陷，形成水疱，再经 3～4 天水疱化脓形成脓疱，以后脓疱干燥结痂，再经 4～6 天痂皮脱落遗留红色疤痕。该病多继发肺炎或化脓性乳房炎，妊娠后期的母羊多流产。有的病例不呈现上述典型经过，仅出现体温升高或出少量痘疹，或痘疹呈结节状，在几天内干燥脱落，有的病例见痘内出血，呈黑色痘。有的病例痘疱发生化脓或坏疽，形成较深的溃疡，致死率很高。

【病理变化】 病变在前胃或皱胃的黏膜上往往有大小不等的圆形或半圆形坚实的结节，单个或融合存在。有的引起前胃黏膜糜烂或溃疡，咽和支气管黏膜也常有痘疹，肺有干酪样结节和卡他性肺炎区，淋巴结肿大。

【诊 断】 根据临床症状结合病理变化可作出诊断。应注意与羊口疮、口蹄疫、羊快疫等病区别。

【防控技术】

（1）预防 每年春季无论羊只大小，一律在股内侧或尾下皮内注射稀释好的山羊痘疫苗 0.5 毫升，免疫期 1 年，羔羊应在 7 月龄时再注射 1 次。

（2）治疗 对羊痘的治疗目前无特效药，主要是采取对症治疗。在痘疹上或溃烂处涂碘甘油、紫药水等，结节可用针挑破涂以碘酊。体温升高时为防继发乳房炎，可肌内注射青霉素、链霉素，用量为青霉素 160 万～240 万单位，链霉素 100 万～200 万单位，每日 2 次，羔羊酌减。病愈后的羊可获得终身免疫。

（十四）羊传染性脓疱

羊传染性脓疱又称羊口疮，是由传染性脓疱病毒引起的绵羊和山羊的接触性传染性脓疱性皮炎。其特征是口唇等处皮肤和黏膜形成丘疹、脓疱、溃疡，并最后结成疣状厚痂。羔羊最为敏感，并可能死亡。

【病　　原】　传染性脓疱病毒对外界环境的抵抗力较强。干痂在夏季阳光下暴露 30～60 天才丧失传染性，散落于地面经秋、冬、春三季仍有传染性。干燥的病料在低温冷冻条件下可存活数年之久，在室温中可存活 5 年。该病毒对热敏感，但必须达到一定的温度，如 60℃ 30 分钟和 64℃ 2 分钟可灭活，而 55℃ 下 20～30 分钟却不能杀死病毒。对乙醚有抵抗力，而对氯仿敏感。常用的消毒药有 2% 氢氧化钠、10% 石灰乳、20% 热草木灰。

【流行特点】　在本病疫区，几乎每年都在产羔后期出现该病，可呈流行性发生，也可散在发生。主要因接触感染动物而传染，常由于购进病羊或带毒羊将病毒带入健康羊群。羊圈平时消毒不严格，也是导致该病的一个主要原因。一年中任何时间都可发病，但放牧季节多发。干燥季节由于饲草干硬，皮肤容易擦伤而感染，痂皮有长期传染性。康复动物在 2～3 年有坚强免疫力，但不能经初乳传给羔羊。已发生的羊群中可连续多年发生。

【临床症状】　潜伏期 3～8 天。病变常开始于唇的结合部，并沿着唇缘扩散至鼻镜部。严重病例的病变可发生于齿龈、齿垫、腭和舌。常先在口角、上唇和鼻镜上出现散在的小红斑点，并迅速变为结节，继而发展成水疱和脓疱。脓疱破裂后形成黄色或棕色的疣状硬痂。良性经过时，硬痂增厚、干燥，并于 1～2 周脱落而恢复正常。严重病例的患部继续发生丘疹、水疱和脓疱，痂皮互相融合，波及整个口唇周围及眼面和眼睑，形成大片具有龟裂并易出血的污秽痂垢，呈桑葚状，痂下肉芽增生。严重影响病羊采食，以致日渐消瘦，并可导致死亡。病程可长达 2～3 周以上。口腔黏膜也常出现水疱、脓疱和烂斑，恶化时甚至可能形成大面积溃疡。

四肢病变不如唇部常见，几乎仅见于绵羊，常单独发生，很少和唇型同发，发病部位在蹄冠、趾间或系部皮肤，先出现水泡，再成脓疱而破溃。

乳房的病变发生于乳头和乳房附近的皮肤，病变也可发生在其他毛稀处。

【病理变化】　病变的发展经过典型的痘期，但更趋增生性。水疱期是暂时的，脓疱变化的最重要特征是具有棕灰色厚痂，可高出皮肤 2～4 毫米。根据继发感染程度，约在第四周完全消退，有时由于上皮不断增生而形成乳头状瘤样生长物。

【诊　断】　根据临床症状，结合流行病学和动物接种试验可以作出诊断。

【鉴别诊断】

（1）痘病　表现为全身性的，体温升高，全身反应重；痘疹圆形，突出皮肤，界限明显，有季节性流行，传染性强。

（2）溃疡性皮炎　病变表现为溃烂和组织破坏，且多发生于 1 岁以上的成年羊。镜检，能检出铜绿假单胞菌等细菌。

（3）坏死杆菌病　特征是组织坏死，无水疱、脓疱或疣状增生物。

（4）口蹄疫　流行快，大面积发病，可感染羊以外的其他偶蹄类动物。

【防控技术】

（1）预　防

①定期用火碱等消毒药对羊群、羊舍及放牧过的草地进行彻底消毒。

②严禁从疫区购买或引进羊只。当从外地调羊时，要将新调入羊群隔离、单独饲养观察 3 周，其间要进行多次检疫、消毒，确认无病后再与自养羊群合群。

③防止创伤，去除诱因。不在带刺的草地和坚硬的山地放牧。

（2）治疗　以 0.5% 高锰酸钾或食醋清洗创面，每日 2 次，每次洗净后的创面，以加减青黛散（青黛 6 克，黄连 6 克，儿茶 6 克，煅人中白6克，薄荷9克，煅硼砂9克，甘草3克，冰片1.5克，研为细末）粉末撒布，此方对大羊效果显著。用5%硫酸铜溶液浸泡蹄部，每日2次，连续使用1周。病羔接触过的母羊乳房用1%高锰酸钾溶液认真消毒，防止其他羔羊吮吸。

（十五）蓝舌病

蓝舌病是由蓝舌病病毒引起的绵羊等反刍动物的一种急性非接触性传染病。其特征表现为发热，白细胞减少，舌及口腔充血淤血，鼻腔、胃肠道黏膜发生溃疡性炎症。

【病　原】　蓝舌病病毒属于呼肠孤病毒科、环状病毒属。有24个血清型，各型之间无交叉免疫力。本病毒能耐受干燥和腐败，在康复动物的血液中能存活4～5个月之久。2%～3%氢氧化钠和2%过氧乙酸可灭活病毒。

【流行特点】　本病毒主要感染绵羊，不分年龄、性别和品种都有易感性，以1岁左右的绵羊最易感，山羊也可感染，但症状轻缓呈隐性经过。蓝舌病是一种虫媒传染病，传染媒介为一种双翅目的库蠓。因此，蓝舌病的发生具有严格的季节性，其流行与库蠓分布、习性和生活史密切相关。多发生于夏季和早秋的池塘、河流多的低洼地区。绵羊受到带毒库蠓的叮咬而感染，也可通过胎盘传播。

【临床症状】　潜伏期为3～8天。病初体温升高达40.5～41.5℃，稽留2～3天，厌食，精神委顿，流涎，口唇水肿延到耳面部。口腔黏膜充血，后发绀呈青紫色，随后口腔、唇、颊、齿龈、舌黏膜糜烂、溃疡，致使吞咽困难。溃疡损伤部位渗出血液，唾液呈红色，口腔发臭。鼻流脓性分泌物，干后形成结痂，可致呼吸困难和鼾声。有时蹄冠、蹄叶发生炎症，呈现不同程度的跛行，甚至膝行或卧地不起。病羊消瘦、衰弱，便秘或腹泻，有时腹泻带血。病程一般为6～14天，发病率30%～40%，病死率2%～

3%，偶有高达 90% 的。患病不死的经 10 ～ 15 天痊愈，妊娠 4 ～ 8 周的母羊感染后约有 20% 的羔羊发育缺陷，如脑积水、小脑发育不良等。本病早期有白细胞减少症。

【病理变化】　主要见口腔出现糜烂和深红色区，舌、齿龈、硬腭、颊黏膜和唇部发生水肿。绵羊的舌发绀呈蓝舌状。胃肠道黏膜发生水肿、充血、出血和溃疡。肺脏充血、水肿，胸膜下出血，胸腔积有大量血样积液。皮肤充血、出血，重者皮肤毛囊周围出血，并有湿疹变化。蹄冠出现红点或红线，深层充血、出血。心内外膜、心肌、呼吸道和泌尿道黏膜有小出血点。骨骼肌变性、坏死，肌间有浆液和胶冻样浸润。

【诊　断】　根据流行特点和临床症状，可以作出初步诊断，确诊需实验室诊断。本病应注意与口蹄疫、恶性卡他热、传染性脓疱和绵羊痘等疾病相鉴别。

【防控技术】

①在流行地区每年接种疫苗是防制本病的可靠方法，但蓝舌病病毒的多型性和不同血清型之间无交互免疫的特点，使免疫接种有一定的困难。如需免疫接种，应先确定当地流行的病毒血清型，选用相应血清型的疫苗，才能获得满意结果。也可选用多价疫苗免疫。目前，我国常用弱毒疫苗、灭活疫苗和亚单位疫苗，效力稳定、安全性好。弱毒疫苗接种后可引起不同程度的病毒血症，同时对胎儿有影响，可引起母羊流产，应用时应加以注意。

②严禁从有本病的国家、地区引进羊只。做好冷冻精液的管理，严禁用带毒精液进行人工授精。

③选用高地放牧，不在野外低湿地过夜，以减少感染机会。定期进行药浴、驱虫和消灭传病的库蠓。

④本病无特效药物治疗。对疑似的病羊加强护理，在透风良好的圈舍内隔离饲养，避免烈日暴晒、风吹雨淋，给予柔软易消化饲草。口腔用食醋或 0.1% 高锰酸钾溶液冲洗，再用 1% ～ 2% 明矾溶液或碘甘油涂抹溃烂面，也可用冰硼散外敷。蹄部患病时

可先用 3% 克辽林或 3% 来苏儿洗净，再用碘甘油或土霉素软膏涂拭，以绷带包扎。严重病例可补液强心，用 5% 葡萄糖生理盐水500 毫升和 10% 安钠咖 10 毫升静脉注射，每天 1 次。预防继发感染可用磺胺类药和抗生素。

二、肉羊寄生虫病防控技术

（一）血吸虫病

羊血吸虫病是血吸虫寄生在羊门静脉、肠系膜静脉和盆腔静脉内，引起贫血、消瘦与营养障碍的一种地方性寄生虫病。

【病　原】　病原为分体属和东毕属吸虫，分体属在我国只有日本分体吸虫，虫体细长，雄虫呈乳白色，口吸盘在体前端，腹吸盘较大，具有粗而短的柄，体壁自腹吸盘后方至尾部两侧向腹面卷起形成抱雌沟，通常雌虫在沟内呈合抱状态。雌虫呈暗褐色，卵巢呈椭圆形，位于虫体中部偏后方两肠管合并处前方（图 5-1）。虫卵呈短卵圆形，淡黄色。

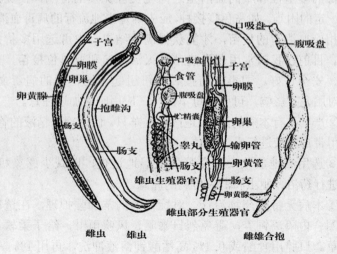

图 5-1　血吸虫形态

【生活史】　东毕吸虫的中间宿主为多种椎实螺。雌虫在寄生的静脉末梢产卵，产出的虫卵一部分随血流到达肝脏，另一部分沉积在肠壁上。肠壁上的虫卵在血管内成熟后，虫卵分泌的溶细胞物质使虫卵周围肠组织发炎、坏死、破溃，虫卵进入肠道随粪便排出体外，并在外界水中孵出毛蚴。毛蚴遇中间宿主椎实螺即迅速钻入螺体内，经母胞蚴、子胞蚴和尾蚴阶段的发育后，尾蚴离开螺体进入水中。羊饮水或放牧时，尾蚴即钻入皮肤或通过口腔黏膜进入体内，体内的虫体亦可通过胎盘感染胎儿。在终末宿主体内的幼虫又侵入小血管或淋巴管，随血流到达其寄生部位发育为成虫。

【临床症状】　羊患本病多呈慢性经过，只有当突然感染大量尾蚴后，才急性发病。病羊表现似流感症状，体温升高，食欲减退，精神不振，呼吸迫促，有浆液性鼻液，腹泻，消瘦等，常可造成大批死亡。一经耐过则转为慢性。轻度感染的羊缺乏急性表现。慢性病例一般呈现黏膜苍白，下颌及腹下水肿，腹围增大，消化不良，软便或腹泻。幼羊生长发育停滞，甚至死亡。母羊不发情、不孕或流产。

【病理变化】　剖检可见尸体明显消瘦，贫血，腹腔内常有大量腹水。在感染数千条以上的病例，其肠系膜及大网膜均有明显的胶样浸润，更严重的可波及胃肠壁的浆膜层。小肠黏膜上可见出血点或坏死灶。肠系膜淋巴结普遍表现水肿。肝脏组织出现程度不同的结缔组织化。质地变硬，在肝表面可以见到灰白色网状组织的凹陷纹理，低洼不平，并且散布着大小不等的灰白色坏死结节。肝脏在初期多表现为肿大，后期多表现为萎缩，被膜增厚，呈灰白色。

【诊　断】　由于该虫产卵较少，在感染轻的情况下，从粪便中不易发现虫卵，死后可根据寄生数量及病理变化来确诊，在粪检时可采用粪便沉淀法，根据粪中孵出的毛蚴进行生前诊断。

【防控技术】

（1）预防 在4、5月份和10、11月份定期驱虫，病羊要淘汰。结合水土改造工程或用灭螺药物杀灭中间宿主，阻断血吸虫的发育途径。疫区内粪便进行堆肥发酵和制造沼气，既可增加肥效，又可杀灭虫卵。选择无螺水源，实行专塘用水，以杜绝尾蚴的感染。

（2）治疗

①硝硫氰胺，每千克体重4毫克，配成2%～3%水悬液，颈静脉注射。

②吡喹酮，每千克体重30～50毫克，一次灌服。

③敌百虫，绵羊每千克体重70～100毫克，山羊每千克体重50～70毫克，灌服。

④六氯对二甲苯，每千克体重200～300毫克，灌服。

（二）片形吸虫病

羊片形吸虫病是由肝片形吸虫和大片形吸虫寄生于羊的肝脏胆管所引起的一种吸虫病，俗称肝蛭病。多呈地方流行性，能引起大批羊的发病及死亡，造成严重危害。慢性和隐性患羊可因消瘦、发育不良及毛、乳产量显著降低而造成严重损失。

【病 原】

（1）肝片形吸虫 背腹扁平，呈树叶状（图5-2）。活体为棕红色，固定后为灰白色。大小为21～41毫米×9～14毫米。主体前端为锥状突，呈三角形。口吸盘位于锥状突前端，呈圆形；腹吸盘在其稍后方。雌雄同体。睾丸2个，前后排列，高度分枝，位于虫体中后部。卵巢1个，呈鹿角状，位于腹吸盘的右侧。虫卵呈卵圆形，黄褐色。前端较窄，后端较钝，卵壳透明而较薄。卵内充满着

图5-2 肝片吸虫成虫

卵黄色细胞和 1 个胚细胞。虫卵大小为 116 ～ 132 微米 ×66 ～ 82 微米。

（2）大片形吸虫 形态结构与肝片形吸虫基本相似。区别在于大片形吸虫的成虫呈长叶状，长 33 ～ 76 毫米，宽 5 ～ 12 毫米。虫体前端无显著的头锥突起，肩部不明显。虫体两侧缘几乎平行，前后宽度变化不大，虫体后端钝圆。虫卵为椭圆形，黄褐色，长 144 ～ 196 微米，宽 75 ～ 109 微米。

【生活史】 寄生于羊及其他宿主胆管内的片形吸虫成虫产出的虫卵随胆汁进入消化道，并与粪便一同排出体外。在适宜的温度（15 ～ 30℃）和充足的氧气、水分及光照条件下，经 10 ～ 25 天孵化出毛蚴并游动于水中，通常只能生存 1 ～ 2 昼夜，如遇中间宿主——各种椎实螺（小土蜗、截口土蜗、椭圆萝卜螺及耳萝卜螺）则侵入其体内，经过胞蚴、母雷蚴、子雷蚴各阶段发育，最后形成大量的尾蚴，自螺体逸出附着于水生植物或在水面上形成囊蚴，羊等终末宿主在吃草或饮水时吞食了囊蚴即遭受感染。囊蚴在十二指肠脱囊，一部分童虫穿过肠壁，到达腹腔，由肝包膜钻入肝脏，经移行到达胆管；另一部分童虫钻入肠黏膜，经肠系膜静脉进入肝脏。并最终移行到胆管寄生。从囊蚴发育为成虫需 2 ～ 3 个月，成虫可在宿主体内生存 3 ～ 5 年，大多数虫体 1 年左右可自行排出体外。

【流行特点】 片形吸虫病是我国分布最广泛、危害最严重的寄生虫病之一，多呈地方性流行。本病的流行与外界自然条件密切相关，适宜的温度、湿度和椎实螺是片形吸虫病流行的重要因素。多发生在低洼、潮湿和多沼泽的放牧地区。宿主范围广，羊最易感染，绵羊是最主要的终末宿主。舍饲牛、羊也可因采食从低洼、潮湿地割来的牧草而受感染。夏、秋两季（南方包括春季）为主要感染季节。多雨年份，能促进本病的流行。

【临床症状】 该病的症状表现因感染强度（约有 50 条虫会出

现明显症状）、病程长短、羊的抵抗力、年龄及饲养管理条件等不同而异，幼畜轻度感染即表现症状。

（1）急性型　症状多发生于夏末秋初，多见于绵羊，是因在短时间内遭受严重感染所致。童虫在体内移行时，造成"虫道"。引起移行路线上各组织器官的严重损伤和出血，尤其肝脏受损严重，引起急性肝炎。病羊表现精神沉郁，衰弱，离群落后，体温升高，食欲减退，腹胀，肝区压痛明显，很快出现贫血、黏膜苍白，严重者在几天内死亡。

（2）慢性型　病例较多见。病羊主要表现消瘦，贫血，黏膜苍白，食欲不振，异嗜，被毛粗乱无光泽，且易脱落，步行缓慢，眼睑、颌下、胸前及腹下出现水肿，便秘与腹泻交替发生。肝脏肿大。最后可因极度衰竭而死亡。

【病理变化】　主要呈现在肝脏，其病变程度与感染虫体的数量及病程长短有关。在大量感染、急性死亡的病例中，可见到急性肝炎和大出血后的贫血现象。肝肿大，包膜有纤维沉积，有2～5毫米长的暗红色虫道，虫道内有凝固的血液和少量幼虫。腹腔中有血红色的液体，有腹膜炎病变。

慢性病例主要呈现慢性增生性肝炎，在肝组织被破坏的部位出现淡白色索状瘢痕。肝实质萎缩，变硬，边缘钝圆，胆管肥厚，呈绳索样突出于肝表面；胆管内膜粗糙，刀切时有沙沙声；胆管内有虫体和污浊稠厚的液体。病畜出现消瘦、贫血和水肿现象；胸腹腔及心包内蓄积着透明的液体。

【诊　断】　简单有效的方法是水洗沉淀法，吸取沉淀物，用显微镜观察有无虫卵。对急性病例，因虫体未发育成熟，粪便检查无虫卵时，必须结合病理剖检，在肝脏和胆管中查找是否有大量童虫存在。此外，应用免疫诊断法，如沉淀反应、补体结合反应、酶联免疫吸附实验、对流电泳和间接血凝试验等，亦可取得较好的诊断效果。尤其对于片形吸虫的普查，免疫诊断为主要方法。

【防控技术】

（1）预防　　每年如进行1次驱虫，可在秋末冬初进行；如进行2次驱虫，另一次驱虫可在翌年的春季进行。及时对畜舍内的粪便进行堆积发酵，以便利用生物热杀死虫卵。尽可能避免在沼泽、低洼地区放牧，以免感染囊蚴。饮水最好用自来水、井水或流动的河水，并保持水源清洁卫生。有条件的地区可采用轮牧方式，以减少感染机会。肝片吸虫的中间宿主椎实螺生活在低洼阴湿的地区。消灭中间宿主可结合水土改造，以破坏椎实螺的生活条件。流行地区可选用 1∶5 000 硫酸铜溶液或 2.5 毫克／千克血防 67 对椎实螺进行浸杀或喷杀。

（2）治疗　　驱除片形吸虫的药物，常用的有下列几种。

①丙硫咪唑(抗蠕敏)，为广谱驱虫药，每千克体重 5～15 毫克，灌服。

②硝氯酚（拜耳 9015)，驱成虫有高效，每千克体重 4～5 毫克，灌服或每千克体重 0.75～1.0 毫克，深部肌内注射。

③三氯苯唑（肝蛭净），对成虫、幼虫和童虫均有高效驱杀作用，每千克体重 12 毫克，灌服。患羊用药后 14 天肉才能食用，乳 10 天后才能饮用。

④溴酚磷（蛭得净），对成虫和童虫均有良效，可用于治疗急性病例。每千克体重 16 毫克，灌服。

⑤五氯柳胺（氯羟杨苯胺），驱成虫有高效，每千克体重 15 毫克，灌服。

⑥碘醚柳胺，驱除成虫和 6～12 周的未成熟肝片吸虫都有效，每千克体重 7.5 毫克，灌服。

⑦硝碘酚腈，对成虫和童虫均有较好驱杀作用，每千克体重 30 毫克，灌服。残留时间长，投药 1 个月后肉、乳才能食用。

⑧双酰胺氧醚，对 1～6 周龄肝片吸虫幼虫有高效，但随虫龄的增长，药效也随之降低。

⑨硫双二氯酚(别丁),对驱除成虫有效,使用后有较强的泻下作用,每千克体重80~100毫克,灌服。体质较差或腹泻严重的患羊,慎用或禁用。

⑩四氯化碳,驱除成虫效果显著,但有一定副作用,剂量按成年羊每只2毫升,6~12月龄羊1毫升,与液状石蜡以1:4比例混合灌服;也可按同等剂量以1:1的比例与液状石蜡混合后,肌内注射。

(三)前后盘吸虫病

前后盘吸虫病是由前后盘科的各属吸虫寄生所引起的一种吸虫病。成虫寄生在羊等反刍动物的瘤胃和网胃壁上,危害不大。幼虫因在发育过程中移行于皱胃、小肠、胆管和胆囊,可造成较严重的病害,甚至导致死亡。本病遍及全国各地,南方较北方多见。

【病　原】　前后盘吸虫种属很多,虫体大小、颜色、形状及内部构造均因种类不同而有差异。其主要的共同特征为虫体柱状,呈长椭圆形、梨形或圆锥形。两个吸盘中,腹吸盘位于虫体后端,并显著大于口吸盘,因口、腹吸盘位于虫体两端,好似两个口,所以又称为双口吸虫。我国常见虫种有2种:

(1)鹿前后盘吸虫　新鲜虫体呈淡红色,圆锥形,稍向腹面弯曲。体长8.8~9.6毫米,宽4~4.4毫米。口吸盘位于虫体前端,腹吸盘位于虫体亚末端,较口吸盘大2.5~8倍。无咽,肠支较长,伸达腹吸盘边缘。睾丸2个,呈横椭圆形,前后排列于虫体后部。卵巢圆形,位于睾丸之后。卵黄腺呈颗粒状,分布于虫体两侧,从食管末端直达后吸盘。子宫弯曲,生殖孔开口于子肠管分支处稍后方的腹面。虫卵椭圆形,淡灰色,长125~132微米,宽70~80微米。有卵盖,内含圆形胚细胞,卵黄细胞不充满虫卵。

(2)殖盘吸虫　虫体白色,近圆锥形,其形态和鹿前后盘吸虫类似。长8~10.8毫米,宽3.2~3.41毫米。虫体的主要特征是生殖吸盘环绕于生殖孔的周围。虫卵长 112 ～ 136 微米，宽 68 ～ 72 微米。

【生活史】　成虫寄生于羊的瘤胃和网胃壁上产卵，后随粪便排至体外，虫卵在适宜的条件下（26 ～ 30℃）约经 2 周孵出毛蚴游动在水中，遇到适宜的中间宿主淡水螺类如扁卷螺，即钻入其体内，发育为胞蚴、雷蚴和尾蚴。尾蚴约在螺感染后 43 天逸出螺体，附着在水草上形成囊蚴。羊等反刍动物吞食含有囊蚴的水草而感染。囊蚴在肠道脱囊，成为童虫，童虫在小肠、胆管、胆囊和真胃等处移行寄生，经数十天到达瘤胃，经 3 个月发育为成虫。

【流行特点】　本病在我国南方流行较严重，多发生于多雨年份的夏秋季节。感染率高，感染强度大，常见成千上万的虫体寄生，而且是多种虫体混合感染，危害巨大。

【临床症状】　童虫的移行和寄生往往引起急性、严重的临床症状，患羊主要症状是顽固性腹泻，粪便常有腥臭味。体温时有升高，消瘦，贫血，颌下水肿，黏膜苍白。最后卧地不起衰竭死亡。虫体感染的数量不多的，呈慢性型，症状不明显，可表现为消化不良、时好时下痢等症状。

【病理变化】　剖检可见童虫移行造成的小肠、真胃黏膜水肿，形成出血点及发生出血性肠炎，严重时肠黏膜出现坏死和纤维素性炎症。肠内充满腥臭的稀粪。盲肠、结肠淋巴结滤泡肿胀、坏死，有的形成溃疡。胆管、胆囊膨胀。在小肠、真胃及肝管、胆管内可见数量不等的童虫。当成虫寄生时，造成的损害轻微。

【诊　断】　诊断要结合临床症状和流行病学调查，可应用驱童虫药物进行诊断性治疗。当成虫寄生时，可用粪便水洗沉淀法或直接涂片法检查虫卵。死后诊断则依据剖检的病变情况，发现成虫或童虫后确诊。

【防控技术】

（1）预防　可参照片形吸虫病，并根据当地的具体情况和条件采取以下措施。如改良土壤，使湿润或沼泽地区干燥，造成不利于淡水螺类生存的环境。不在低洼、潮湿之地放牧、饮水，以避免感染。消灭中间宿主淡水螺。对病羊排出的粪便进行堆置发酵处理，杀死虫卵。舍饲期间进行预防性驱虫等。

（2）治　疗

①氯硝氯胺（灭绦灵），该药对驱除成虫、童虫和幼虫均有良好的疗效，每千克体重 75 ～ 80 毫克，一次灌服。

②硫双二氯酚，驱成虫疗效显著，驱童虫也有较好的效果，每千克体重 80 ～ 100 毫克，一次灌服。

③溴羟替苯胺，驱成虫、童虫均有较好的疗效，每千克体重 65 毫克，制成悬浮液灌服。

④六氯对二甲苯，驱成虫疗效较好，每千克体重 200 毫克，每天 1 次，灌服，连用 2 次。

⑤海涛林，每千克体重 50 ～ 60 毫克，一次灌服。

⑥噻苯唑，每千克体重 200 ～ 300 毫克，一次灌服。

（四）绦虫病

绦虫病是由裸头科的多种绦虫寄生于羊的小肠引起的一种寄生虫病。其中，以莫尼茨绦虫危害最为严重。羔羊感染轻则影响生长发育，重则致死。

【病　原】　病原体有莫尼茨属、曲子宫属和无卵黄腺属绦虫。

（1）莫尼茨绦虫　常见有贝氏莫尼茨绦虫和扩展莫尼茨绦虫，两者外观难以区别。虫体呈扁平带状，乳白色，长为 1 ～ 6 米。最宽处 16 ～ 26 毫米。头节球形，有 4 个吸盘，体节短而宽，每个成熟的节片里，各有 2 组生殖器官，生殖孔开口于体节的两侧边缘。

（2）曲子宫绦虫　虫体长可达 4.3 米，宽约 12 毫米，大小因个体差异很大。成熟节片内有 1 组生殖器官，子宫呈横行直管状，并有很多弯曲的侧支。

（3）无卵黄腺绦虫　是反刍兽绦虫中较小的一类，虫体长2～3米，宽仅为3毫米左右。节片较狭窄，成熟节片有1组生殖器官。子宫呈袋状，位于节片中央，没有卵黄腺。

【生活史】　这3个属绦虫发育规律相似。寄生在羊小肠内的成虫不断随粪便排出含有大量虫卵的孕卵节片，向外界散布的虫卵被土壤地螨（无卵黄腺绦虫为长脚跳虫）吞食后，虫卵内的六钩蚴在其体内经26～30天发育为似囊尾蚴。土壤地螨在黄昏或黎明时从草皮及腐烂植物之下爬出来活动，附着在饲草或地面上。当羊吃草或舔土时，吞食了含似囊尾蚴的土壤地螨即被感染。似囊尾蚴进入消化道后吸附在羊的小肠黏膜上，经40～50天发育为成虫。成虫生存期2～6个月，此后由肠内自行排出。

【流行特点】　莫尼茨绦虫呈世界性分布，我国各地均有报道，我国北方，尤其是广大牧区严重流行，每年都有大批羊死于本病，2～5月龄的羔羊最易受感染，成年羊的感染率很低，春夏多雨季节易感。曲子宫绦虫在我国许多省、自治区均有报道，动物具有年龄免疫性，4～5月龄以前的羔羊不感染曲子宫绦虫，故多见于6～8月龄以上及成年绵羊。无卵黄腺绦虫主要分布于西北及内蒙古牧区，西南及其他地区也有报道，常见于6月龄以上的绵羊和山羊，多发生于秋季与初冬。

【临床症状】　轻度感染时不表现症状，重度感染时可见大量虫体结成团阻塞肠道，且由于虫体吸收大量营养，产生毒素。临床表现为食欲减退，饮欲增加，腹泻，有时便秘，粪中有孕卵节片，贫血，淋巴结肿大，黏膜苍白，体重减轻，渐而表现弓背，极度沮丧，反应迟钝，最后卧地不起，抽搐，头向后仰或做咀嚼运动，口周围有许多泡沫，衰竭而亡。

【病理变化】　剖检尸体可见消瘦、肌肉色淡，胸腹腔渗出液增多。有时可见肠阻塞或扭转，肠黏膜受损出血，小肠中有数量不等的长1米以上的带状虫体。

【诊　断】　根据流行情况，结合临床症状怀疑为寄生虫病时，应在打扫羊圈时注意观察粪便表面是否有黄白色孕卵节片（俗称"寸白"），发现即可确诊。未发现者可取粪便用饱和食盐水浮集法检查虫卵，有时可发现呈不正圆形、四边形、三角形的四周隆厚而中部较薄的饼形，直径56～67微米，卵内有特殊的梨形器的虫卵时，即可确诊。

【防控技术】

（1）预防　在多雨潮湿季节，应尽量少喂生长在洼地、沟边或常被羊粪污染的饲草。避免在雨后、清晨或傍晚放牧，使羊减少食入土壤地螨的机会。根据本病的流行特点，适时对羊群进行驱虫，必要时进行2次驱虫。驱虫时每只每次可用1%硫酸铜溶液15～100毫升灌服。

（2）治疗

①硫双二氯酚，每千克体重75～100毫克，配成悬浮液一次灌服。

②氯硝柳胺(灭绦灵)，每千克体重50～75毫克，配成悬浮液一次灌服。

③吡喹酮，每千克体重10～20毫克，一次灌服。

④1%硫酸铜，1～3月龄每只15～25毫升，3～6月龄30～40毫升，6月龄以上45～60毫升，配制时用蒸馏水或事先煮沸过的自来水，且不可用金属器具盛装，现用现配，灌药前12～24小时停止饮水。

⑤丙硫咪唑，每千克体重5～10毫克，配成悬浮液一次灌服。

⑥仙鹤草根芽粉，每只用量30克，一次灌服。

（五）双腔吸虫病

双腔吸虫病是由双腔科、双腔属的茅形双腔吸虫和中华双腔吸虫寄生于羊等反刍动物肝脏的胆管和胆囊内所引起的一种吸虫病。

【病　原】

（1）茅形双腔吸虫　虫体扁平，呈棕红色，透明，肉眼可见到内部器官。前端尖细，后端较钝，成虫大小为5～15毫米×1.5～2.5毫米。腹吸盘大于口吸盘。睾丸2个，近圆形或稍分叶，前后排列或斜列于腹吸盘之后。睾丸后方偏右侧为卵巢和受精囊，卵黄腺呈小颗粒状，分布于虫体中部两侧。虫体后部为充满虫卵的曲折子宫。虫卵呈卵圆形或椭圆形，深褐色，卵壳厚，一端有盖，卵内含毛蚴。大小为38～45微米×22～30微米。

（2）中华双腔吸虫　外形与矛形双腔吸虫相似，但虫体较宽扁，其前方体部呈头锥形，后两侧呈肩样突，成虫大小为3.5～9.0毫米×2.03～3.09毫米。睾丸2个，呈圆形，边缘不整齐或稍分叶，左右并列于腹吸盘后。虫卵与矛形双腔吸虫卵相似，大小为45～51微米×30～33微米。

【生活史】　虫体寄生于羊的胆管和胆囊中。该虫生活史需要2个中间宿主。第一中间宿主为陆地螺类，第二中间宿主为蚂蚁。成虫在终末宿主的胆管或胆囊内产卵，虫卵随胆汁进入肠道，再随粪便排至体外。被陆地螺吞食后，在其体内经毛蚴、母胞蚴、子胞蚴发育而产生尾蚴。尾蚴在螺体的呼吸腔形成尾蚴群囊，其后被黏性物质包裹，形成黏性球。从螺的呼吸腔排出，粘在植物或其他物体上。这一过程需82～150天方能完成。被蚂蚁吞食后形成囊蚴，羊等家畜吃草时吞食了含囊蚴的蚂蚁而感染。囊蚴在终末宿主的肠内脱囊，由十二指肠经胆总管到达胆管或胆囊内寄生。经72～85天发育为成虫。整个发育过程需160～240天。

【流行特点】　本病的分布几乎遍及全世界，多呈地方性流行。在我国的分布极其广泛，尤其以西北、东北地区和内蒙古较为严重。其流行与陆地螺和蚂蚁的广泛存在有关。宿主众多，哺乳动物达70余种。动物随年龄的增加，其感染率和感染程度也逐渐增加，感染的虫体数可达数千条，甚至上万条，这说明动物获得性免疫力较差。虫卵对外界环境条件的抵抗力很强，可越冬。在温暖潮湿的南方地区，陆地螺和蚂蚁可全年活动，因此动物几乎全年都可感染。而在寒冷干燥的北方地区，中间宿主要冬眠，动物的感染明显具有春秋两季特点，但发病多在冬、春季节。

【临床症状】　一般感染无临床症状。严重感染时，病羊表现可视黏膜黄染、颌下水肿、消化紊乱、腹泻、逐渐消瘦等症状，最后可因极度衰竭而死亡。

【病理变化】　主要病变为胆管出现卡他性炎症和胆管壁肥厚，胆管周围结缔组织增生。肝脏发生硬变、肿大，表面粗糙，胆管扩张显露呈索状。在胆管和胆囊内可见寄生有数量不等的虫体。

【诊　断】　在流行病学调查的基础上，结合临床症状及粪便水洗沉淀法检查虫卵，发现大量虫卵。死后剖检，在胆管、胆囊内找出虫体即可确诊。

【防控技术】

（1）预防　预防本病应以定期驱虫为主。同时，加强羊群的饲养管理，以提高其抵抗力。改善放牧环境，除去杂草、灌木丛等，以消灭陆地螺。粪便进行堆积发酵处理，以杀灭虫卵。

（2）治　疗

①海涛林，治疗双腔吸虫病最有效，安全性好，对妊娠母羊及产羔均无不良影响。每千克体重 40 ～ 50 毫克，配成 2% 悬浮液，灌服。

②丙硫咪唑，每千克体重 30 ～ 40 毫克，灌服。

③六氯对二甲苯（血防 846），每千克体重 200 ～ 300 毫克，一次灌服，驱虫率可达 90% 以上，连用 2 次，可达 100%。

④吡喹酮，每千克体重 65 ～ 80 毫克，灌服。

⑤噻苯唑，每千克体重 150 ～ 200 毫克，灌服。

（六）阔盘吸虫病

阔盘吸虫病是由双腔科阔盘属的多种吸虫寄生于羊等反刍动

物的胰管中所引起的寄生虫病，也称胰吸虫病。此外，虫体也可寄生于胆管和十二指肠，但较少见。

【病　原】　阔盘吸虫在我国有 3 种：胰阔盘吸虫、腔阔盘吸虫和枝睾阔盘吸虫，其中以胰阔盘吸虫最为常见。

（1）胰阔盘吸虫　虫体扁平，呈棕红色。虫体长 8 ~ 16 毫米，宽 5 ~ 5.8 毫米。虫卵呈黄棕色或深褐色，椭圆形，两侧稍不对称，一端有卵盖，大小为 42 ~ 53 微米 × 23 ~ 38 微米。卵壳厚，内含毛蚴。

（2）腔阔盘吸虫　虫体较为短小，呈短椭圆形，体后端有一明显的尾突，虫体长 7.48 ~ 8.05 毫米，宽 2.73 ~ 4.76 毫米。卵巢多呈圆形整块，少数有缺刻或分叶。虫卵大小为 34 ~ 47 微米 × 26 ~ 36 微米。

（3）枝睾阔盘吸虫　虫体呈前尖后钝的瓜子形，长 4.49 ~ 7.9 毫米，宽 2.17 ~ 3.07 毫米。口吸盘略小于腹吸盘，睾丸分枝，卵巢分叶 5 ~ 6 瓣。虫卵大小为 45 ~ 52 微米 × 30 ~ 34 微米。

【生活史】　寄生在胰管中的成虫产出的虫卵随胰液进入消化道，随粪便排出体外。被第一中间宿主陆地蜗牛吞食后，在其体内经毛蚴、母胞蚴、子胞蚴发育而产生尾蚴，包裹着尾蚴的成熟子胞蚴经呼吸孔排出到外界。这一过程，在温暖季节需 5 ~ 6 个月，夏季以后感染的陆地蜗牛则大约经过 1 年，子胞蚴才能发育成熟。成熟的子胞蚴被第二中间宿主草螽而感染，经 23 ~ 30 天尾蚴发育为囊蚴。羊等终末宿主吃草时吞食了含有囊蚴的草螽而感染，经 80 ~ 100 天发育为成虫。整个生活史需要 10 ~ 16 个月。

【流行特点】　本病除发生于羊等反刍动物外，还可感染猪、兔、猴和人等。我国各地均有报道，以胰阔盘吸虫和腔阔盘吸虫流行最广。本病的流行与其中间宿主陆地蜗牛、草螽等的分布密切相关。从各地报道看，羊感染囊蚴多在 7 ~ 10 份，发病多在冬、春季。

【临床症状】　阔盘吸虫大量寄生时，由于虫体刺激和毒素作用，胰管发生慢性增生性炎症，使胰管的管腔变窄小甚至闭塞，胰消化酶的产生和分泌及糖代谢功能失调，引起消化及营养障碍。患羊表现精神沉郁，消瘦，毛干，易脱落，贫血，颌下及胸前水肿，衰弱，腹泻，粪中常有黏液，严重时可引起死亡。

【病理变化】 尸体消瘦，胰腺肿大，胰管因高度扩张呈黑色蚯蚓状突出于胰脏表面。胰管发炎肥厚，管腔黏膜不平，呈乳头状小结节突起，并有点状出血，内含大量虫体。慢性感染因结缔组织增生而导致整个胰脏硬变、萎缩，胰管内有数量不等的虫体寄生。

【诊　断】 生前诊断用直接涂片法或水洗沉淀法检查粪便，以发现虫卵，死后根据病变和虫体可作出诊断。现介绍改进的水洗沉淀法检查虫卵，方法如下：直肠取粪3～5克，置于300毫升烧杯内，加少量水捣碎搅拌混合，依次通过100目、200目和250目3种纱网的过滤，每次滤完都要以少量净水冲洗纱网。3次滤完后的粪液再反复水洗沉淀4～5次，每次10～15分钟，直到上清液清亮为止。然后吸取沉渣，制片镜检虫卵。

【防控技术】

（1）预防　本病流行地区应在每年初冬和早春各进行1次预防性驱虫。有条件的地区可实行划区放牧，以避免感染。应注意消灭其第一中间宿主蜗牛（其第二中间宿主草螽在牧场广泛存在，扑灭甚为困难）。同时，加强饲养管理，以增加畜体的抗病能力。

（2）治疗　可选用下列药物进行治疗。

①六氯对二甲苯，每千克体重400毫克，隔天1次，灌服，3次为1个疗程。

②丙硫咪唑，每千克体重20毫升，一次灌服。

③吡喹酮，口服，每千克体重60～70毫克；肌内或腹腔注射时，每千克体重30～50毫克，并以液状石蜡或植物油（灭菌）制成20%油剂。腹腔注射时应防止注入肝脏或肾脂肪囊内。

（七）棘球蚴病

棘球蚴病也叫囊虫病或包虫病，俗称肝包虫病。所有哺乳动物都可受到棘球蚴的感染而发生棘球蚴病。绵羊和山羊都是中间宿主。本病是一种人兽共患寄生虫病，它不仅危害畜牧业，而且对公共卫生有很大影响。本病可使幼羊发育缓慢，成年羊的毛、肉、奶的数量减少，质量降低，因而造成严重的经济损失。

【病　原】　病原为棘球蚴。棘球蚴是犬细粒棘球绦虫的幼虫期。细粒棘球绦虫寄生在犬、狼及狐狸的小肠里，虫体很小，全长2～8毫米，由3～4个节片组成，头节上具有额嘴和4个吸盘，额嘴上有许多小钩，最后的体节为孕卵节片，内含400～800个虫卵。

棘球蚴寄生于绵羊及山羊的肝脏、肺脏以及其他器官，其形态是多种多样的，大小也很不一致，从豆粒到西瓜大，也有更大的。

【生活史】　终末宿主犬、狼、狐狸把含有细粒棘球绦虫的孕卵节片和虫卵随粪排出，污染牧草、牧地和水源。当羊通过吃草、饮水吞下虫卵后，卵膜因胃酸作用被破坏，六钩蚴逸出钻入肠黏膜血管，随血流达到全身各组织，逐渐生长发育成棘球蚴，最常见的寄生部位是肝脏和肺脏。如果终末宿主吃了含有棘球蚴的器官，经2.5～3个月就在肠道内发育成细粒棘球绦虫，并可在宿主肠道内生活达6个月之久（图5-3）。

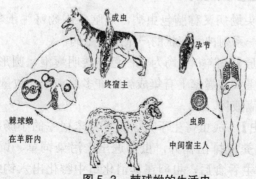

图5-3　棘球蚴的生活史

【临床症状】 严重感染时，有长期慢性的呼吸困难和微弱的咳嗽。当肝脏受侵袭时，病羊表现疼痛。当肝脏体积极度增加时，可见右侧腹部稍有膨大。绵羊严重感染时，营养不良，被毛逆立，容易脱落。有特殊的咳嗽，当咳嗽发作时，病羊躺在地上。

【病理变化】 肝肺表面凹凸不平，重量增大，表面有数量不等的棘球蚴囊泡突，实质中亦有数量不等、大小不一的棘球蚴囊泡。棘球蚴内含有大量液体，液体沉淀后，可见有大量包囊砂。有时棘球蚴发生钙化和化脓。有时在心、脾、肾、脑、脊椎管、肌内、皮下亦可发现棘球蚴。

【诊　断】 严重病例可依据临床症状诊断，或用 X 线和超声检查进行确诊。常用方法是用皮内变态反应作生前诊断。

【防控措施】 目前尚无有效疗法。患棘球蚴病畜的脏器一律进行深埋或烧毁，以防被犬或其他肉食兽采食。做好饲料、饮水及圈舍的清洁卫生工作，防止犬粪污染。驱除犬的绦虫，要求每个季度进行 1 次，驱虫药可用氢溴酸槟榔碱，每千克体重 1～4 毫克，停食 12～18 小时后灌服；也可选用吡喹酮，每千克体重 5～10 毫克，灌服。服药后，犬应拴留 1 昼夜，并将所排出的粪便及垫草等全部烧毁或深埋处理，以防病原扩散传播。

（八）脑多头蚴病

羊脑多头蚴病又称脑包虫病，是脑多头蚴寄生于羊的脑或脊髓而引起的一系列神经症状的严重寄生虫病。

【病　原】 脑多头蚴为乳白色半透明囊泡，圆形或卵圆形，豌豆大到鸡蛋大，囊壁上有集成簇的许多原头蚴，数量 100～250 个。囊内充满液体。

【生活史】 成虫寄生于犬、狼等终末宿主的小肠内，脱落的孕卵节片随粪便排出体外，虫卵逸出，污染饲草、饲料或饮水。羊等中间宿主吞食后，虫卵在其消化道中孵化出六钩蚴，随即钻

入肠黏膜血管随血流到达脑和脊髓，经 2～3 个月发育为脑多头
蚴。多头蚴在羔羊脑内发育较快，一般在感染 2 周时能发育至粟
粒大，6 周后囊体直径可达 2～3 厘米，经 8～13 周发育到 3.5
厘米，并具有发育成熟的原头蚴。囊体经 7～8 个月后停止发育，
其直径可达 5 厘米左右。犬、狼等吞食了含有脑多头蚴的动物脑、
脊髓后，脑多头蚴在其消化液的作用下，囊壁溶解，原头蚴吸附
在小肠壁上经 41～73 天发育为成虫（图 5-4）。

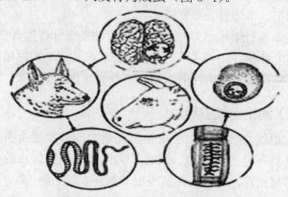

图 5-4　羊脑多头蚴的生活史

【流行特点】　本病是牧区常见的一种羊寄生虫病，成虫寄生
于犬、狼、狐、豺等肉食兽的小肠，多发于犬活动频繁的地方。
容易侵袭 1～2 岁的绵羊和山羊。一年四季都有感染可能。

【症状与病变】　感染后 1～3 周病羊呈现体温升高，类似脑
炎或脑膜炎症状，严重者常引起死亡，耐过动物症状消失而呈健
康状态。感染 2～7 个月出现典型症状，呈现异常运动和姿势。
虫体寄生在一侧脑半球表面时，头倾向患侧，并以患侧做圆圈运动，
对侧眼失明。虫体寄生在脑前部时，头低垂抵于胸前或高举前肢
步行或猛冲向前，遇障碍物后倒地或静立不动。虫体寄生在小脑时，
知觉过敏，易惊恐，步态蹒跚，平衡失调，痉挛等。虫体寄生在

腰部脊髓时，后躯及盆腔脏器麻痹，最后死于高度消瘦或因重要神经中枢受害。前期有脑膜炎和脑炎病变，后期可见囊体或在表面，或嵌入脑组织中。寄生部位的头骨变薄、松软和皮肤隆起。

【诊　　断】　在流行区，根据其特殊的症状、病史可作出初步判断。剖检发现虫体即可确诊。

【防控技术】　预防本病应对牧羊犬定期驱虫，排出的犬粪和虫体应深埋。对野犬、狼等终宿主应予以捕杀，防止犬吃到含脑多头蚴的羊、羊等的脑和脊髓。

对病羊施行手术摘除虫体，但脑后部及深部寄生者则较困难。近年来用吡喹酮（70毫克／千克体重，肌内注射）和丙硫咪唑（80毫克／千克体重，肌内注射）治疗，获得较满意的效果。

（九）消化道线虫病

消化道线虫病是寄生于山羊消化道内的各种线虫引起的寄生虫病。其特征是患羊消瘦、贫血、胃肠炎、腹泻、水肿等，严重感染可引起死亡。山羊消化道线虫（图5-5）种类很多，具有各自引起疾病的能力和不同的临床症状，常呈混合感染。本病分布广泛，是山羊重要的寄生虫病之一，给养羊业造成严重的经济损失。

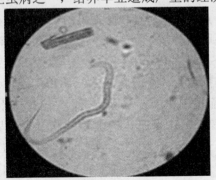

图5-5　羊粪便中的线虫幼虫（放大）

【病　原】

（1）捻转血矛线虫　呈毛发状，淡红色，头端尖细，口囊小，内有一角质背矛。雄虫长 15 ～ 19 毫米，交合伞发达，背肋呈"人"字形。雌虫长 27 ～ 30 毫米，眼观可见红白线条相间，阴门位于虫体后半部，有明显的阴门盖。虫卵无色，壳薄，大小为 75 ～ 95 微米 ×40 ～ 50 微米。虫卵随宿主粪便排出，孵出幼虫经蜕皮发育到带鞘的感染性幼虫，羊随吃草和饮水吞食感染性幼虫而感染，经 3 ～ 4 周发育为成虫。

（2）普通奥斯特线虫　虫体呈淡红色，前端较细，口囊小，体表有角质层纵纹。雄虫长 7 ～ 12 毫米，背肋于远端 1/2 处分为 2 枝；交合刺 1 对，细而长，其远端分为 3 叉；引器似球拍状。雌虫长 10 ～ 13 毫米，排卵器发达，尾端锥形。虫卵大小为 69 ～ 95 微米 ×34 ～ 59 微米。

（3）蛇形毛圆线虫　虫体很小，呈丝状，体表有细小的横纹，无纵纹。雄虫长 5 ～ 8 毫米，交合刺 1 对，棕黄色，形状相似，不等长，远端均有倒钩 1 个；引器正面呈梭形，侧面似拉长的"S"形。雌虫长 5 ～ 10 毫米，虫体在肛门之后急速缩小，形成尖细的尾端。虫卵大小为 69 ～ 98 微米 ×34 ～ 55 微米。寄生于山羊消化道的毛圆线虫属还有艾氏毛圆线虫。

（4）尖刺细颈线虫　虫体前部尖细，头端角质层扩大成头囊，头囊具有横纹。雄虫长 7 ～ 15 毫米，背肋每枝末端分为内外 2 个小枝；交合刺远端套在膜内，形状似红缨枪。雌虫长 12 ～ 21 毫米，阴门横缝状，位于虫体后 1/3 处。虫卵椭圆形，大小为 139 ～ 175 微米 ×76 ～ 91 微米。

（5）栉状古柏线虫　虫体头端细小，头部角质层扩大形成对称的头囊，口腔小，无明显的齿，体部有 10 ～ 16 条纵纹。雄虫长 5 ～ 7 毫米，背肋于中部分为并行的 2 枝，每枝的中上方又发出一个指状的侧枝，交合刺中部粗大，远端变细，其上有环纹。

雌虫长 8 ～ 9 毫米，虫卵大小为 67 ～ 80 微米 ×31 ～ 38 微米。

此外，还有蒙古马歇尔线虫、羊仰口线虫、哥伦比亚食道口线虫、羊夏伯特线虫、球形毛首线虫等，不再一一赘述。

【生活史】　山羊消化道线虫在发育过程中，不需要中间宿主，为直接发育，称土源性线虫。其生活史可以概括为 3 种类型，即圆形线虫型、钩虫型和毛首线虫型。

（1）圆形线虫型　雌、雄虫在消化道内交配产卵，虫卵随宿主粪便排至外界，在适宜的温度、湿度和氧气条件下，从卵内孵化出第一期幼虫，蜕 2 次皮变为第三期幼虫（感染性幼虫）。感染性幼虫对外界的不利因素有很强的抵抗力，能在土壤和牧草上爬动。清晨、傍晚、雨天和雾天多爬到牧草上，羊随同牧草吞食感染性幼虫而被感染。幼虫在终末宿主体内或移行，或不移行，而发育为成虫。

（2）钩虫型　虫卵随宿主粪便排至外界，在外界发育为第一期幼虫。孵化后，经 2 次蜕皮变为感染性幼虫。感染性幼虫能在土壤和牧草上活动，主要是通过终末宿主的皮肤感染，随血流到肺，其后出肺泡，沿气管到咽，又随黏液一起咽下，到小肠发育为成虫，也能经口感染。

（3）毛首线虫型　虫卵随宿主粪便排至外界，在粪便和土壤中发育为感染性虫卵。宿主吞食到感染性虫卵后，幼虫在小肠内孵出，在大肠内发育为成虫。

【致病作用】　虫体的前端刺入胃肠黏膜，引起不同程度的发炎和出血。除上述机械性刺激外，虫体可以分泌一种特殊的毒素，防止血液凝固，致使血液由黏膜损伤处大量流失，这种现象在捻转血矛线虫表现得更为突出。有些虫体分泌的毒素经羊体吸收后，可导致血液再生功能的破坏或引起溶血而造成贫血。有的虫体毒素还可干扰羊体消化液的分泌、胃肠的蠕动和体内糖的代谢，使胃肠功能发生紊乱，妨碍食物的消化和吸收，病羊呈现营养不良和一系列症状。

【流行特点】 多在夏末和早秋流行。低湿牧地有利于传播此病，在早晚放牧吃露水草或小雨后的阴天放牧，羊更易感染。

【症状与病变】 羊在严重感染的情况下，可出现不同程度的贫血、消瘦、胃肠炎、腹泻、下颌间隙及颈胸部水肿。幼畜发育受阻。少数病羊体温升高，呼吸、脉搏增数，心音减弱，最后导致病羊衰弱而死亡。剖检可见胸腔及心包有积水，皱胃黏膜水肿，有小创伤和溃疡，大量虫体绞结成一黏液状团块。幼虫在肠壁上形成结节，小肠黏膜卡他性炎症。

【诊 断】 羊消化道线虫病病原种类较多，在临床上引起的症状大多无特征性。虫卵检查除毛首线虫、细颈线虫、仰口线虫、古柏线虫等有特征可以区别外，其他各种不易辨认，生前较难诊断。惟有根据流行情况、临床症状、剖检变化作综合判断。粪便虫卵计数法只能了解本病的感染强度，作为防治的依据。在条件许可的情况下，必要时可进行粪便培养，检查第三期幼虫。

【防控技术】

（1）预 防

①计划性驱虫 可根据当地的流行情况实施，一般春秋季各进行 1 次驱虫。

②放牧和饮水卫生 应避免在低湿的地方放牧；不要在清晨、傍晚或雨后放牧，尽量避开幼虫活动的时间，以减少感染机会；禁饮低洼地区的积水或死水。

③加强粪便管理 将粪便集中在适当地点进行生物热处理，消灭虫卵和幼虫。

（2）治 疗

①左旋咪唑，每千克体重 6 ～ 10 毫克，溶水灌服，也可配成5% 溶液皮下或肌内注射。

②噻苯达唑，每千克体重 30 ～ 50 毫克，可配成 20% 悬浮液

灌服，或瘤胃注射。

③甲噻嘧啶，每千克体重 10 毫克，灌服或拌饲喂服。

④甲苯咪唑，每千克体重 10 ～ 15 毫克，灌服或混饲给予。

⑤丙硫咪唑，每千克体重 5 ～ 10 毫克，灌服。

⑥伊维菌素或阿维菌素，每千克体重 0.1 毫克，灌服；0.1 ～ 0.2 毫克 / 千克体重，皮下注射。

（十）细颈囊尾蚴病

细颈囊尾蚴病是寄生于犬和野狼、狐等肉食动物小肠内的泡状带绦虫的幼虫 —— 细颈囊尾蚴，寄生在羊、猪、牛和鹿等动物的腹膜、大网膜、肝脏与膈等处所引起的寄生虫病。

【病　原】 病原为细颈囊尾蚴，寄生于感染动物的肠系膜上，有时寄生于肝脏表面。寄生数目不等，有时可达数十个，一般为豌豆到鸡蛋大，白色，囊内充满透明液体，在囊泡上长有一个像高粱粒大的白色颗粒，就是向内凹陷的头节。其成虫为白色或淡黄色，长 60 ～ 500 厘米，宽 1 ～ 5 毫米，分为头节、颈节和体节。虫卵呈无色透明的圆形或椭圆形，薄而脆弱，大小为 5 ～ 70 微米，内有六钩蚴虫。

【生活史】 成虫寄生于终末宿主的小肠内，孕卵节片或虫卵随粪便排出体外，污染草场、饲料和饮水。羊等中间宿主误食了孕节或虫卵后，在消化道内孵化出六钩蚴，钻入肠壁血管，随血流到达肝脏，由肝实质内逐渐移行到肝脏表面寄生，或进入腹腔内寄生于大网膜、肠系膜及腹腔的其他部位，甚至可进入胸腔寄生于肺脏。幼虫生长发育 3 个月左右具有感染能力。终末宿主肉食动物如吞食了含有细颈囊尾蚴的脏器后，在小肠内经过 52 ～ 78 天发育为成虫。

【流行特点】 该虫在世界上分布很广，凡养犬的地方，一般都会有牲畜感染细颈囊尾蚴。家畜感染细颈囊尾蚴，系由于感染有泡状带绦虫的犬、狼等动物的粪便中排出有绦虫的节片或虫卵，随着终末宿主的活动污染牧场、饲料和饮水。我国不少农村宰猪或牧区宰羊时，凡不宜食用的废弃内脏便丢弃在地，任犬吞食，这是犬感染泡状带绦虫的重要原因。细颈囊尾蚴对羔羊致病力强，往往由于六钩蚴移行至肝脏形成孔道，导致急性肝炎。

【临床症状】 本病主要危害幼龄羊，成年羊群常仅为带虫者。病羊的临床症状一般不甚明显，主要呈慢性经过，身体日渐消瘦，被毛逆立而无光泽，眼结膜及皮肤的颜色日益变淡，在出牧过程中常常行动落后，平时往往舔食粪尿和其他污物，表现异嗜。病情严重时，患羊精神不振，采食和饮水减少，喜卧，生长发育缓慢，在寒冷季节和饲料单一而营养不足的情况下，容易发生死亡。

【病理变化】 剖检病死羊，在肝脏、大网膜、肠系膜、腹膜、横膈膜及骨盆腔脏器外面等处发现呈"水铃铛"样的细颈囊尾蚴。该虫体呈乳白色囊泡状，在羊腹腔内寄生的数量不一，多者可达十几个或更多。虫体大小不等，常见其小者如豌豆大，大者如鸡蛋大。虫体寄生于羊浆膜组织表面上时，一般仅以小部分附于组织上，大部分囊泡游离而显现出一段细窄的颈部。病死羊皮下脂肪减少，肌肉颜色变淡，血液稀薄，在皮下或肌间往往出现胶样浸润。有的病羊肝脏稍肿大，表面往往有细小的出血点、小结节或灰白色的瘢痕。虫体寄生于肝脏表面时，附着部位的组织往往褪色与萎缩。

【诊 断】 在网膜、肠系膜和胃肠浆膜等腹腔浆膜上可见借助粗细不一的蒂悬挂着成熟的囊尾蚴囊泡。严重时，一只羊可见几十甚至上百个囊泡，成串地悬挂在腹腔浆膜上，并可见局限性腹膜炎。用细颈囊尾蚴液制成抗原做皮内试验，此法已经成为进行大面积普查和筛选的主要手段。终末宿主检查以粪便检查虫卵或孕卵节片为主。

【防控技术】

（1）预防　对犬进行定期检查和驱虫，可选用以下几种药物。

①氢溴酸槟榔碱，犬1毫克/千克体重，停食12～13小时，以肠衣片经口给药。

②盐酸丁奈脒，25～50毫克/千克体重，停食3～4小时，灌服，用前不得将药捣碎或溶于水，否则会引起中毒。

③硫酸双氯酚，200毫克/千克体重，一次灌服。

④丙硫咪唑，400毫克/千克体重，一次灌服。

肉羊屠宰后，应加强肉品卫生检验，检出细颈囊尾蚴及其寄生的内脏需进行无害化处理，不得随意丢弃或喂犬。严禁犬进入屠宰场。

蝇在传播虫卵中起着重要作用，应采取可行方法灭蝇。

（2）治疗

①吡喹酮，每千克体重50毫克，灌服，可杀死细颈囊尾蚴。

②用液状石蜡配成10%溶液，分2次间隔1天肌内注射，有良效。

第六章　肉羊营养代谢病
与中毒病防控技术

一、肉羊营养代谢病防控技术

（一）白肌病

白肌病在绵羊羔及仔山羊都可发生，其特征是心肌与骨骼肌发生变性，发病严重的骨骼肌呈灰白色，病羊步态僵硬，故又称为僵羔。本病常在春夏之际发生，呈地方流行性，砂土或沼泽地区发生较多，1～5周龄的羔羊及仔山羊最易患病。死亡率有时可达40%～60%。

【病　　因】　本病既非传染病，又非遗传性疾病，目前一般认为主要是由于缺乏维生素E和微量元素硒所引起。当饲料中硒的含量和维生素E不足时，就可能发生硒–维生素E缺乏病。

【临床症状】

（1）绵羊羔　病羔营养状况较差者居多，但发育良好者亦不少见。羔羊常于放牧及采食时突然倒地死亡，或者在典型症状出现后1～2天死亡。病羔体温正常，胃肠蠕动无显著变化；心跳节律不齐，呈显著的传导阻滞和心房纤维颤动；病程较长者，最初精神沉郁，离群，不愿行动，食欲减少或废绝，以后卧地不起，颈部僵直而偏向一侧；如果强迫起立，轻者走路摇摆，肢体强硬；重者站立不稳或举步跌倒；少数病羔有腹泻症状。

（2）仔山羊　在发病初期，无任何可见症状，仅仅是听诊时心跳无节律或有间歇。以后表现精神沉郁，被毛竖立而粗乱，食欲略减或废绝。有时不表现症状即突然死亡。发现症状明显的病羊时，其已经达到垂危阶段。在羊群发病的最初阶段，可以见到约有 1/3 的病羊起立不便，喜卧，跛行，行走困难，站立时肌肉颤抖，特别是肩臂部和股部肌肉，严重时对周围刺激反应迟钝。后期不易看到运动器官发生障碍。大多数病羊表现呼吸粗厉，次数增多；结膜潮红，边缘稍黄；体温一般正常，惟有并发症时，可以升高到 40～41.3℃；听诊时，心跳加快，节律不齐，有间歇，部分病例还有舒张期杂音。少数病羊伴有顽固性腹泻。

病程经过不一，最严重者表现突然不安，哀叫，呈兴奋状态，10～30 分钟死亡；较重者多经 3～4 天死亡；轻者经 2～3 周死亡，但为数极少。

【病理变化】

（1）绵羊羔　尸体有的消瘦，有的营养良好。主要病变是肌肉发生对称性病变，即身体两侧的同种肌肉发生病变，其后腿最为明显，一般为臂二头肌、臂三头肌、肩胛下肌、股二头肌及胸下锯肌等。有的咬肌与膈肌发生病变。病变肌肉呈弥散性或局限性的浅黄色或灰黄色，有时为白色，肌肉组织干燥，表面粗糙不平；少数病例肌肉硬化，有钙盐浸润。肌肉中钙含量增加至 14%～15%，而正常者仅为 2%。心包中有透明或红色液体，心肌呈灰色，较柔软，有时有出血点，心室扩大。

（2）仔山羊　尸僵完全或不完全，血液凝固不良。心脏极度扩张，心肌厚薄不均，颜色淡。心肌变性，心内膜下心肌和乳头肌周围有灰黄色条纹，顺着肌纤维方向存在，似虎斑，将病变部切开时，可见心肌纤维粗糙、色淡，其结构如木质纤维。严重的病例，整个心内膜表现有上述病变。骨骼肌变性，尤其是前后肢肌肉和背最长肌变性比较明显，肌纤维粗糙，颜色淡白，其中夹杂着颗粒性增生物，并有淤血小点。肠系膜淋巴结肿胀、柔软，切面多汁，压之有大量乳白色液体流出，切面上有小粒状突出物。

皱胃发炎、出血;十二指肠、空肠、回肠和部分盲肠黏膜呈紫红色,充血或出血,其内容物呈红色粥状。

【诊　断】

①病羔死后的剖检病变可作为诊断的主要依据。最明显者为肌肉中有灰白色条纹存在,尤以后肢最为多见。显微镜下观察明显,在尸僵发生之前亦可在镜下观察到变化。

②病羔的血清谷草转氨酶超过200单位/毫升,血清肌酸、磷酸转移酶和乳酸脱氢酶均有增加,补加维生素E到不全价的日粮中,可以降低乳酸脱氢酶的含量。

③尿中含有大量肌酸,也可作为临床诊断的重要根据之一。

【防控技术】

（1）预　防

①应用0.2%亚硒酸钠皮下注射,预防效果良好。具体方法如下:

注射年龄:1～2月份出生的羔羊,在日龄20天左右注射,一般不要晚于25日龄;3月份及以后出生的羔羊,一般在出生后半个月大时注射,尤其是3月份以后出生的羔羊,最晚不能超过20日龄,过迟了就有发病的危险。

注射次数:一般进行2次预防注射,第一次注射后,间隔20天,再进行第二次注射。如果羔羊在40～50日龄时,天气连阴多雨,干草质量不好,青草又不能正常供应时,还可以进行第三次注射。

注射剂量:应用0.2%亚硒酸钠溶液,每只羊第一次1毫升,第二、第三次各1.5毫升,做颈侧皮下注射。亚硒酸钠溶液的配制方法是:亚硒酸钠0.2克,加注射用水100毫升,盛入灭菌瓶内,待溶解后备用。

②在分娩之前给母羊皮下注射亚硒酸钠1次,用量为4～6千克。

③供给妊娠羊维生素A、维生素D、维生素E及磷酸盐:在冬

季可喂给豆科干草（干苜蓿最理想）、胡萝卜、大麦芽与骨粉。如在产后发现缺乏维生素 A 和维生素 E，应肌内注射维生素 A 和维生素 E。

当仔羊群发病时，应在治疗病羊的同时，给未发病羊注射治疗量的维生素 A 和维生素 E，或用青苜蓿制作饲料膏，或者在饲料中拌入棉籽油。

（2）治疗　　可将病羊放于宽敞通风的圈舍中，限制活动。然后按照以下方法治疗。

①给日粮中增加燕麦或大麦芽，补给磷酸钙，亦可拌入富含维生素 E 的植物油，如棉籽油、菜油等。

②用 0.2% 亚硒酸钠溶液 1.5 ～ 2 毫升，皮下注射。

③皮下或肌内注射维生素 E，剂量为 10 ～ 15 千克，每天 1 次，连续应用，直到痊愈为止。

（二）佝偻病

佝偻病是羔羊钙、磷代谢障碍引起骨组织发育不良的一种非炎性疾病，维生素 D 缺乏在本病的发生中起着重要作用。

【病　因】　　本病的发生主要是由于饲料中维生素 D 的含量不足，导致羔羊体内维生素 D 缺乏，直接影响钙、磷的吸收和血液内钙、磷的平衡；此外，即使维生素 D 能满足羔羊的需要，但母乳及饲料中钙、磷比例不当或缺乏，以及多原因的营养不良，也可诱发本病。

【临床症状】　　病羊轻者主要表现为生长迟缓，异嗜，喜卧，卧地起立缓慢，行走步态摇摆，四肢负重困难，触诊关节有疼痛反应。病程稍长则关节肿大，以腕关节较明显；长骨弯曲，四肢可以展开，形如青蛙。患病后期，病羔以腕关节着地爬行，躯体后部不能抬起；重症者卧地，呼吸和心跳加快。

【防控技术】

（1）预　防

①加强妊娠和泌乳母羊的饲养管理，饲料中应含有较丰富的蛋白质、维生素 D 和钙、磷，并注意钙、磷比例，供给充足的青绿饲料，补喂骨粉，增加运动和日照时间。

②羔羊饲养更应注意，有条件的喂给干苜蓿、胡萝卜及青草等青绿多汁的饲料，并按需要量添加食盐、骨粉、各种微量元素等。

（2）治疗　维生素 A 或维生素 D 注射液 3 毫升，肌内注射；精制鱼肝油 3 毫升，灌服或肌内注射。补充钙制剂，可静脉注射 10% 葡萄糖酸钙注射液 5 ～ 10 毫升。

（三）骨软症

骨软症是一种营养代谢疾病。发生原因主要是由于动物的饲料内钙和磷的供应不足或比例不当。结果发生骨质疏松，并由此引发一系列的变化。

【病　因】

①饲料中钙、磷供应不足或钙、磷比例不当。

②钙的需要量增加。母羊在产奶盛期、妊娠后期，特别是在产羔后 1 个月左右，由于机体对钙、磷的需要量大，最易引起本病。

③维生素 D 不足。正常的骨形成除需要足够的钙、磷外，还需要维生素 D，它能促进钙、磷从小肠吸收，同时还能直接作用于成骨细胞，促使骨的形成过程。

【临床症状】　病羊在疾病早期一般会出现异嗜癖，经常啃墙壁，啃泥巴砂石，食欲明显失常，呈现消化功能紊乱现象。随着病情发展，可见患羊易发生疲劳，四肢无力，行走时摇晃不稳，不断消瘦，喜伏卧。全身骨骼疏松变形，用针易于刺入。四肢关节肿大，容易发生骨折。

【防控技术】　动物对钙、磷的要求应该是 1.5 ～ 2 : 1。因此必须检查饲料内这两种物质的配比是否恰当，如有不妥，应予改正。此外，可给病羊补充钙质和磷质。

为了做好这一工作，最好是先送材料到有关单位检查血清，确定究竟是缺磷还是缺钙，了解有无高磷和高钙现象，然后再有的放矢地进行治疗。原则是：高磷低钙所致的软骨症，以补钙为主，同时兼用维生素 D，如给予乳酸钙或硫酸钙，成年羊每次 5 ～ 10 克内服，每天 1 次，并皮下或肌内注射含维生素 D 25 000 单位的维丁胶性钙 3 ～ 5 毫升，羔羊用量酌减，连用 15 ～ 20 日。如为低磷所致，应予补磷，可用 3% 次磷酸钙溶液静脉内注射，成年羊每次 50 毫升，连用 3 ～ 5 日。治疗以外，关键仍在于对饲料内的钙、磷比例做合理调整。并改善饲养管理，如增加光照和增多户外活动等，方能奏效。

（四）维生素 A 缺乏症

当羊的饲料中缺乏胡萝卜或维生素 A 时，易引起维生素 A 缺乏症。

【病　因】　本病的发生是由于饲料中缺乏胡萝卜素或维生素 A；饲料调制加工不当，使其中脂肪酸变质，加速饲料中维生素 A 类物质的氧化分解，导致维生素 A 缺乏。脂肪不足会影响维生素 A 类物质在肠中的溶解和吸收。因此，当蛋白质和脂肪不足时，即使在维生素 A 足够的情况下，也可发生功能性的维生素 A 缺乏症。此外，患有慢性肠道疾病和肝脏疾病时，易继发维生素 A 缺乏症。

【临床症状】　病羊特别是羔羊，早期出现的症状是夜盲症，常在早晨、傍晚或月夜光线朦胧时，盲目前进，碰撞障碍物，或行动迟缓，小心谨慎；继而骨骼异常，常继发唾液腺炎、副眼腺炎、肾炎、尿石症等；后期病羔羊的干眼症尤为突出，导致角膜增厚和形成云雾状。

【防控技术】

（1）预　防

①加强饲料管理，防止饲料发热、发霉和氧化，以保证维生素 A 不被破坏。

②在冬季饲料中要添加青贮饲料或胡萝卜，秋季贮收的干草要绿；长期饲喂枯黄干草应适当加入鱼肝油。

（2）治　疗

①饲料中加入维生素 A-D 粉，按说明书使用量添加。

②病重羊肌内注射维生素 A-D-E 注射液，成年羊 5 毫升 / 只，羔羊 1～2 毫升 / 只。

③对有眼部症状的羊，结膜涂红霉素眼膏，每天 1 次。

④每天在羊舍内驱赶羊运动，上、下午各 1 小时，每只羊每天喂给优质紫花苜蓿和胡萝卜各 0.25 千克。病羊经治疗 3 天后逐渐好转，到 1 周时，所有病羊均恢复正常。

（五）食毛症

羔羊食毛症主要是由母羊和羔羊饲料中的矿物质和维生素不足，尤其是钙和磷的不足；羔羊缺乏必需的蛋白质；羊群过于拥挤；羔羊受虱、蜱叮咬，啃咬叮咬处，食入绒毛等因素引起的。绵羊食毛症是绵羊羊羔的一种代谢紊乱疾病，表现喜欢舔食羊毛。由于食毛过多，影响消化，甚至并发肠梗阻造成死亡。

【病　因】

（1）营养缺乏　日粮中含硫氨基酸（胱氨酸、半胱氨酸和蛋氨酸）缺乏，即发生食毛症；钴和铜缺乏以及钙磷缺乏或比例失调发生的佝偻症亦能引发此病。圈养期间，仅投放牧草或农作物秸秆，从不饲喂矿物质饲料及微量元素饲料添加剂，饲料粗劣、单一，母羊严重营养不良，产后奶水不足或质量不良，以致羔羊得不到充足的营养，导致异嗜。

（2）管理、环境因素　圈养的饲舍十分拥挤，饲养密度太大，积粪太多，环境卫生差，羊体脱落羊毛很多，以致羊群互相舔食现象严重。圈养羊户外活动过少，日光照射严重不足，再加上饲料粗劣、单一，降低了皮肤内维生素D原转为维生素D的能力，严重影响了钙的吸收，患骨软症现象严重。

（3）寄生虫病　圈养羊秋季药浴不彻底，患疥螨等寄生虫病现象严重，个别羊严重脱毛，不定期驱虫，体内寄生虫亦较严重，成年母羊身体瘦弱，严重营养不良，舔食土块、破布等异物，互相摩擦、啃咬，以致吞下羊毛。

【临床症状】　发病初期，病羔喜吃被粪尿污染的腹股部和尾部的毛，以后变为吃其他羊的毛，往往羔羊之间互相食毛。严重时全身毛被吃光。吃下的毛积在皱胃及肠管内，形成毛球，刺激胃肠，引起消化不良、便秘、腹痛及鼓胀等症。

绵羊食毛症是因某些矿物质及微量元素缺乏而引起的一种代谢病，病羊常因异嗜羊毛而使胃肠梗塞而死亡。尤以冬春圈养羊羔常发，山羊少见。

病羊精神沉郁，四肢软弱无力，喜卧，站立时低头磨牙，嘴角有少许泡沫。食欲废绝，呼吸急促，回头顾腹，小便消失，肛门皮毛被稀便污染。最终四肢抽搐而死亡。

【病理变化】　心、肺、肾均正常，肝略微肿大，胆囊增大，皱胃内有大小不一的毛球，奶汁滞留，有奶酪状乳状物，肠道有长絮状毛缕，膀胱充盈。

【诊　断】　本病较难诊断。病羊发病前，养殖户因疏于管理，且因饲养数量多而不易发现，到诊所就诊时多已至晚期，只能凭畜主的口述及临床经验予以判断。

【防控技术】

（1）预　防

①改善饲养管理，供给饲料营养要全面，并经常进行运动。

对于羔羊，应供给富含蛋白质、维生素和矿物质的饲料，如青绿饲料、红萝卜、甜菜和麸皮等，每日供给骨粉 5～10 克和足量的食盐。

②将吃毛的羔羊与母羊隔开，只在哺乳的时候让其母子相见。

③将母羊乳房周围的毛清理干净。

④及时清扫圈内羊毛。给羔羊补喂动物性蛋白质如鸡蛋，有一定作用。

⑤加强羔羊卫生，驱除羔羊身上的虱、蜱等寄生虫，避免羔羊啃食叮咬处。

（2）治疗　此病可行皱胃切开术取出毛球。按有关报道介绍的治疗方案治疗，均未收到良好效果。

（六）碘缺乏症

本病的主要特征是甲状腺发生非炎症性增大，故又称甲状腺肿。

【病　因】

（1）原发性碘缺乏　主要是羊摄入碘不足。羊体内的碘来源于饲料和饮水，而饲料和饮水中碘与土壤密切相关。土壤缺碘地区主要分布于内陆高原、山区和半山区，尤其是降雨量大的沙土地带。土壤含碘量低于 0.2～0.25 毫克／千克，可视为缺碘。羊饲料中碘的需要量为 0.15 毫克／千克，而普通牧草中含碘量 0.006～0.5 毫克／千克。许多地区饲料中如不补充碘，可导致碘缺乏症。

（2）继发性碘缺乏　有些饲料中含碘拮抗物质，可干扰碘的吸收和利用，如芜菁、油菜、油菜籽饼、亚麻籽饼、扁豆、豌豆、黄豆粉等含拮抗碘的硫氰酸盐、异硫氰酸盐以及氰苷等。这些饲料如果长期喂量过大，可导致碘缺乏症。

【流行特点】　本病常发生在碘缺乏地区，羔羊发病率远高于成年羊。患病羊如果甲状腺肿块不大，外表很难发现，也难触及。

【临床症状】　妊娠母羊缺碘时，常产出死胎、弱胎或畸形胎。所生患有甲状腺肿病羔，体弱多病很难存活，多因肺炎或腹泻而死亡。如长期饲喂大量致甲状腺肿物质可导致妊娠母羊碘缺乏症，其临床表现虽无异常，但肿大的甲状腺可触摸到，所产羔羊软弱无力，不能站立，低头偏向一侧，不能吮乳；颈下可见一鸡蛋至拳头大肿块，呼吸极度困难，头颈皮肤、眼眶、眼睑水肿，四肢水肿，关节弯曲，于出生后数小时至 24 小时死亡。

【诊　断】　临床上表现甲状腺肿大的易于诊断。无甲状腺肿时，如果血液碘含量低于 24 微克／升，羊乳中碘含量低于 80 微克／升可确诊。

【防控技术】

（1）预防　在碘缺乏区内，坚持对妊娠和泌乳期母羊以及羔羊补碘。补碘的方法较多，如饮水中每只每天加入 50 微克碘化钾或碘化钠；舍饲羊的饲料中加入含碘添加剂，或在食盐中加碘化钾或碘化钠 1 毫克／千克，让羊自由采食；用 3%～5% 碘酊棉球涂搽股内侧，每月 1 次，两侧轮换涂搽。妊娠期和泌乳期母羊，禁止饲喂含致甲状腺肿物质和硫脲类物质的饲料或植物。

（2）治疗　一旦发现病羊立即用碘化钾或碘化钠治疗，每只每天 5～10 毫克，混于饲料中饲喂；或在饮水中每天加入 5% 碘酊或 10% 复方碘液 5～10 滴，20 天为 1 疗程，停药 2～3 个月，再饲喂 20 天，即可达到治疗效果。

（七）铜缺乏症

铜缺乏症是动物体内铜含量不足所致的一种重要营养代谢性疾病，其特征是贫血、腹泻、共济失调和被毛褪色。

【病　因】

（1）原发性　日粮缺铜引起动物机体缺铜，主要是由于生长在低铜土壤上的饲草或土壤中铜的可利用性低所致。一般认为，饲料中铜低于3微克/克即可引起发病，3～5微克/克为临界值，10微克/克以上能满足动物的需要。

（2）继发性　动物对铜的摄入量足够，但机体对铜的利用发生障碍。

①钼与铜具有拮抗性。当饲草、饲料中钼含量过多时，可妨碍铜的吸收和利用，含钼量低于3微克/克时，对铜并无影响；当钼含量达3～10微克/克，即可引起铜的不足而出现临床症状。一般认为铜、钼比应高于2：1。

②饲料中锌、镉、铁、铅和硫酸盐等过多，影响铜的吸收，造成机体铜缺乏。

③饲草中植酸盐含量过高，可与铜形成稳定的复合物，降低动物对铜的吸收。

④饲料中的蛋氨酸、胱氨酸、硫酸钠、硫酸铵等含硫物质过多，经过瘤胃微生物的作用均可转化为硫化物。后者与钼共同形成一种难溶解的铜硫钼酸盐复合物，可降低铜的利用。

【流行特点】　本病在世界各地均有报道，常呈地方性流行或大群发生。原发性铜缺乏主要发生在幼龄动物，绵羊和山羊最为易感。

【临床症状】　运动障碍是羔羊的主要症状，故又称为摆腰病或地方性共济失调。主要危害1～2月龄的羔羊，在严重暴发时刚出生的羔羊也可发病，常常造成死亡。早期症状为两后肢呈"八"字形站立，驱赶时后肢运动失调，跗关节屈曲困难，球节着地，后躯摇摆，极易摔倒，快跑或转弯时更加明显，呼吸和心率随运动而显著增加。严重者做转圈运动，或呈犬坐姿势，后肢麻痹，卧地不起，最后死于营养不良。羔羊随年龄增长，其后躯麻痹症状可逐渐减轻。

被毛的变化很明显，被毛稀疏，粗糙，缺乏光泽，弹性降低，颜色变浅。绵羊铜缺乏时表现被毛柔软，光滑，失去弯曲，黑毛颜色变浅。羊毛的这些变化是早期的症状，在亚临床铜缺乏可能是惟一的症状。

贫血是多种动物严重、长期缺铜的常见症状，发生于铜缺乏的后期。羔羊主要表现低色素小红细胞性贫血，而成年羊则呈巨红细胞性低色素性贫血。

腹泻是继发性铜缺乏的常见症状，粪便呈黄绿色或黑色水样。腹泻的严重程度与拮抗元素钼的摄入量成正比。

此外，母羊的发情表现常不明显，不孕或流产，其后代羔羊生长不良。

【病理变化】 特征病变是贫血和消瘦。骨骼的骨化推迟，易发骨折，严重时表现骨质疏松。地方性铜缺乏的最主要组织病变是小脑束和脊髓背外侧束的脱髓鞘。少数严重病例，脱髓鞘病变也波及大脑，白质结构发生破坏，出现空洞。并且有脑积水、脑脊髓液增加和大脑回几乎消失等病理变化。肝脏、脾脏和肾脏有大量含铁血黄素沉着。

【防控技术】

（1）预　防

①日粮中添加硫酸铜，最低铜水平为5微克/克。

②在妊娠中后期口服硫酸铜，每次1～1.5克，每周1次，能预防羔羊铜缺乏症，也可在出生后口服铜制剂。

③经口投服含硒、铜、钴等微量元素的长效缓释丸。

④在饮水中添加硫酸铜（5毫克/千克），让羊自由饮用。

⑤给低铜草地施用含铜肥料，能显著提高牧草中铜的含量。

（2）治疗　治疗方法比较简单，但如果神经系统和心肌受到严重损伤，则病畜将不能完全康复。2～6月龄羔羊为1～2克，每周1次，连用3～5周。在日粮中添加铜，使硫酸铜的水平达25～30微克/克，连喂2周效果显著。也可将矿物质添加剂舔砖中硫酸铜的水平提高至3%～5%，让其自由舔食，或按1%剂量加入日粮饲喂。

二、肉羊中毒病防控技术

（一）疯草中毒

棘豆属和黄芪（紫云英）属植物都可引起羊以神经症状为主的慢性中毒，因此，这类植物统称为疯草，其引起的中毒病称疯草中毒或者疯草病。疯草是危害我国草原养羊业最严重的一类毒草，造成了巨大的经济损失。

【病　因】　羊采食了含米瑟毒苷的疯草后，导致三羧酸循环不能正常进行而死亡；以及高铁血红蛋白血症，严重时亦可导致死亡。一些疯草含吲哚兹啶生物碱——苦马豆素，引起羊体内甘露糖贮积和糖蛋白合成异常，并导致细胞空泡化和器官功能障碍。

【流行特点】　本病的发生与自然生态环境有关。疯草在一些地区发展为优势种，这不仅与其抗逆性强、耐干旱、耐寒等特性有关，更重要的是草场管理不善，放牧压力过大，草场退化及植被破坏等，为疯草的蔓延创造了条件。疯草适口性不佳，在牧草充足时，羊并不主动采食，只有在可食牧草耗尽时才被迫采食。因此，常于每年秋末到春初发生中毒。干旱年份有暴发的倾向。

大量采食疯草，羊可在 10 余天内发生中毒，少量连续采食需 1 月到数月才能表现临床症状。

【临床症状】　山羊病初精神沉郁，反应迟钝，站立时后肢弯曲；中期头部呈水平震颤，颈部僵硬，行走时后躯摇摆，追赶时易摔倒；后期四肢麻痹，卧地不起，心律不齐，最终衰竭死亡。绵羊头部震颤，头、颈皮肤敏感性降低，而四肢末梢敏感性增强，随着病情的发展，表现步态蹒跚如醉，失去定向能力，瞳孔散大，终因衰竭而死亡。妊娠绵羊和山羊易发生流产，或产出畸形胎儿。公羊表现性欲降低，或无性交能力。

疯草中毒的初期，若停食疯草，改食优良牧草，中毒症状逐渐消失，2 周左右可恢复正常。

【病理变化】 尸体极度消瘦，血液稀薄，腹腔有少量清亮液体，有些病例心脏扩张，心肌柔软。组织学检查，主要是神经及内脏组织细胞空泡化。

【诊　断】 根据采食疯草的病史，结合运动障碍为特征的神经症状，不难作出诊断。当病羊安静或卧地时，可能看不出中毒症状，当给予刺激或用手捏提一下羊耳，便立即出现摇头不止或突然倒地不起等典型疯草中毒症状。

【防控技术】

①禁止在疯草较多的草场上放牧。

②用除草剂杀灭疯草。2,4 - 丁酯、使它隆、百草敌等单独使用或复配使用，对疯草有很好的杀灭作用。疯草种子在草场上贮量很大，要保持疯草密度低于危害羊群的程度，定期喷药是必要的。最好能结合草场改良及管理措施，才能取得良好效果。

③合理轮牧。在有疯草的草场放牧 10 ～ 15 天，再在无疯草或疯草较少的草场上放牧 10 ～ 15 天或更长一点时间，如此反复，可以避免中毒。

对轻度中毒的病羊，及时转移到无疯草的安全牧场放牧，适当补饲，一般可不药而愈。严重中毒的羊，目前尚无有效治疗方法。

（二）有毒萱草根中毒

本病是由于羊采食了萱草属植物的根而引起的中毒。临床上以双目失明、瞳孔散大，进而全身瘫痪和膀胱麻痹、积尿为特征，有瞎眼病之称。

【病　因】 萱草根又名黄花菜根、金针菜根。该病多发于 2 ～ 3 月份枯饲期，正值刨出地面的萱草根大多抛弃野外，放牧羊一旦遇到新鲜的草根争相采食后，就会造成大批羊中毒死亡。

【临床症状】 病羊症状出现的快慢和严重程度，视食入量而定。病羊初期精神委顿,食欲减少或废绝,呆滞迟步,尿液为橙红色。继而口角流涎,瞳孔逐渐散大,双目相继或同时失明,惊恐、哀叫,无目的乱走或抵靠障碍物,倒地后四肢不停划动,似游泳状。有的四肢肌肉抽搐,行走无力,尤以后肢严重,终至肢体瘫痪,卧地不起。后期牙关紧闭,咀嚼困难,有时磨牙,呼吸困难,心跳加快,一般经 2 ～ 4 天后死亡。中毒较轻的可以康复,但双目失明、瞳孔散大则不能恢复。

【病理变化】　急性中毒羊,心内、外膜有出血斑点;肾脏色黄,质软,肾盂水肿;膀胱积尿,黏膜充血并散在出血点;脑、脊髓膜血管扩张,有出血点,脊髓液增多;视神经肿胀松软或变细。

组织学变化:整个视觉传导路均受损害,以视神经和视网膜最为严重。视神经损害呈双侧性。视乳头充血、水肿或出血,局部组织疏松呈网孔状。视网膜常发生严重出血。

【防控技术】

(1)预防　枯草季节禁止羊到有萱草的草场放牧,妥善保管和处理废弃或移栽的萱草。

(2)治疗　目前尚无特效解毒方法。羊发病后应停止放牧,早期可投服盐类泻剂,给予优质干草、饲料,加强护理,并应用抗生素防止继发感染。同时,静脉注射葡萄糖生理盐水有助于本病的恢复。

(三)有机磷中毒

羊有机磷中毒是由于羊接触、吸入或采食了有机磷制剂引起的一种中毒病,以体内胆碱酯酶活性受到抑制,导制神经生理功能紊乱为特征。

【临床症状】　病羊流涎,流泪,咬牙,瞳孔收缩,眼球颤动,个别羊严重腹泻,无食欲,反刍停止,全身发抖,步态不稳,卧倒在地,全身麻痹,呼吸困难,有的窒息死亡。病羊心跳 100 次 /

分钟以上，呼吸 50 次 / 分钟以上，体温正常。

【病理变化】 胃黏膜充血、出血、肿胀、易脱落。肺充血、肿大，气管内有白色泡沫。肝脾肿大。肾脏混浊、肿胀，包膜不易剥落。

【治 疗】

①阿托品，皮下注射，剂量每只 2 ～ 4 毫克，病情严重者可加大剂量 2 ～ 3 倍，第一次注射后隔 2 小时再注射 1 次，直到症状减轻为止。

②碘解磷啶注射液 15 毫克 / 千克，10% 葡萄糖注射液 500 毫升，静脉滴注；2 小时后再静脉滴注 1 次，剂量同上。

注意事项：

①有机磷中毒后应尽早采用药物治疗。阿托品皮下注射配合胆碱酯酶复能剂（碘解磷啶、氯磷啶或双复磷注射液）的同时，结合其他对症疗法。

②对兴奋不安、出汗严重的静脉滴注镇静剂，注意不可使用氯丙嗪。

③对超过 36 小时中毒者，复能剂已不能发挥治疗作用，除使用阿托品治疗，给病羊输血 100 ～ 200 毫升，有良好作用。

④中毒症状缓解之后，不要过早停止阿托品的使用，以免残毒再吸收而引起复发，最低限度维持量不能少于 72 小时。

⑤在治疗有机磷中毒的过程中，切忌静脉补碱，因为碘解磷啶在碱性环境中会水解成毒性极强的氰化物。

（四）尿素中毒

利用尿素或铵盐加入日粮中给羊补充蛋白质，补饲不当或过量羊误食含氮化学肥料即可发生中毒。

【病 因】

①由于利用尿素和铵盐（亚硫酸铵、硫酸铵、磷酸氢二铵）作为饲用蛋白质代替物时，超过了规定用量。根据试验，如给绵

羊灌服尿素 8 克，即可引起死亡；但如用尿素 18 克加糖渣 72 克喂给，则不至于发生死亡。

②由于误食含氮化学肥料（尿素、硝酸铵、硫酸铵）而引起中毒。

【临床症状】　发病羊大约采食 1 小时后出现中毒症状，表现为精神沉郁，呆滞，来回走动，不安，呻吟，反刍停止，腹胀，肌肉颤抖，走路摇摆，不停地出现强直性痉挛，呼吸困难，脉搏增数，大量出汗，口吐白沫；2 小时后病羊倒地，四肢出现游泳样运动；大部分羊 3 小时左右开始死亡。

【病理变化】　鼻孔内流出红褐色液体，眼球下陷，眼结膜发绀，阴道黏膜发绀，有白色胶样物，皮下淤血。腹腔内有强烈的腐败气味。瘤胃饱满，浆膜呈暗褐色，切开后有刺鼻的氨味，黏膜脱落，底部出血，胃内容物呈现红白相间。肠黏膜脱落出血，尤其是小肠前段的出血和溃疡严重。肝脏肿大，含血量多，质地变脆，胆囊扩张，充满胆汁。肾脏肿大，有大量的尿酸盐沉积。肺脏淤血，支气管内有粉红色泡沫状分泌物。心外膜有鲜红色弥漫性出血点，心室扩大，血凝块分层明显。膈膜有轻度充血和少量淤血。

【诊　断】　根据采食尿素的病史、临床症状并在很短时间内死亡以及病理剖检变化，可确诊。一般情况下，当血氨浓度为 8.4 ～ 13 毫克 / 升时，即出现症状；当达 20 毫克 / 升时，表现共济失调；达 50 毫克 / 升时，动物即死亡。

【防控技术】

（1）预　防

①防止羊误食含氮化学肥料。

②在饲用各种含氮补饲物时，应遵守以下原则：不能单纯喂给含氮补饲物，也不能混于饮水中给予。必须将补饲物同饲料充分混合均匀；必须使羊有一个逐渐适应采食补饲物的过程，在开始时应少喂，于 10 ～ 15 天达到标准规定量。如果饲喂过程中断，在下次补喂时，仍要有适应过程。

（2）治　疗

①在中毒初期，为了控制尿素继续分解，中和瘤胃中所生成的氨，应灌服 0.5% 食醋 200 ～ 300 毫升，或者灌给同样浓度的稀盐酸或乳酸；若有酸羊奶，可灌服 500 ～ 750 克，或用 1% 醋酸 200 毫升、糖 100 ～ 200 克加水 300 毫升，可获得良好效果。

②对于臌气严重者，可施行瘤胃穿刺术。

③对于铵盐中毒者，还可内服黏浆剂或油类，混合大量清水灌服。如吞咽困难，可慢慢插入胃管投服。

④对症治疗，用苯巴比妥以抑制痉挛，静脉注射硫代硫酸钠以利解毒。

（五）硒中毒

硒中毒是动物采食大量含硒牧草、饲料或补硒过多而出现精神沉郁、呼吸困难、步态蹒跚、脱毛、脱蹄壳等综合症状的一种疾病。急性中毒（又名瞎撞病）以神经系统症状为特征；慢性中毒（又名碱病）则以消瘦、跛行、脱毛为特征。

【病　因】

（1）土壤含硒量高　导致生长的粮食或牧草含硒量高，动物采食后引起中毒。一般认为土壤含硒 1 ～ 6 毫克／千克，饲料含硒达 3 ～ 4 克／千克，即可引起中毒。一些专性聚硒植物（或称硒指示植物），如豆科黄芪属某些植物的含硒量可高达 1 000 ～ 1 500 毫克／千克，是羊硒中毒的主要原因。此外，有些植物如玉米、小麦、大麦、青草等，在富硒土壤中生长亦可引起动物硒中毒。

（2）人为因素　多因硒制剂用量不当，如治疗白肌病时亚硒酸钠用量过大，或饲料添加剂中含硒量过多或混合不均匀等，都能引起硒中毒。此外，由于工业污染而用含硒废水灌溉，也可使作物、牧草被动蓄硒而导致硒中毒。

【临床症状】

（1）急性中毒　病羊表现不安，之后则精神沉郁，无力，头低耳聋，卧地时回头观腹，呼吸困难，运动障碍，可视黏膜发绀，心跳快而弱，往往因虚脱、窒息而死。中毒羊死前高声鸣叫，鼻孔流出白色泡沫状液体。

（2）慢性中毒　病羊表现消化不良，逐渐消瘦，贫血，反应迟钝，缺乏活力。此外，妊娠母羊慢性硒中毒还可影响胚胎发育，造成胎儿畸形及新生羔羊死亡率升高。

【病理变化】

（1）急性中毒　全身出血。肺充血、水肿。腹水增多，肝、肾变性。气管内充满大量白色泡沫状液体。

（2）亚急性及慢性中毒　病变见于肝脏、肾脏、心脏、脾脏、肺脏、淋巴结、胰脏和大脑。如肝脏萎缩、坏死或硬化，脾脏肿大并有局灶性出血，脑水肿、软化等。

病理组织学检查表现为组织细胞变性、坏死，细胞核变形，毛细血管扩张充血，充满大量红色均染物质。心肌变性。肝脏中央静脉与肝窦隙扩张，甚至破裂、出血，并出现局灶性坏死。肾小球毛细血管扩张、充血，部分胞核增生、深染，肾小管上皮变性坏死。

【诊　断】结合病史、临床症状可作出初步诊断。

【防控技术】

（1）预防　植物含硒量大于5毫克/千克用作饲料即有中毒危险。因此，在富硒地区或不明土壤含硒量的地区，应检查土壤和植物的含硒量。如含硒高，应换地放牧或引入低硒区的饲料，以免引起硒中毒。被富硒煤矿或其他冶炼含硒矿产的厂矿（硫酸厂、熔炼硫铁矿）排放的废气、废水所污染的水和饲料，不能供羊饮用和食用。建设羊圈也应远离这些厂矿，以免发病。若已发病，应立即停用原来的饮水和饲料。

（2）治疗　急性硒中毒尚无特效疗法，慢性硒中毒可用砷制剂治疗，可采用以下方法：

①在饲料（5毫克/千克）或饮水（5～25毫克/千克）中添

加亚砷酸钠或砷酸钠，可预防和治疗本病。

②给予高蛋白（鸡蛋白、煮黄豆浆、亚麻籽油），可降低硒的毒性。

③日粮中加入 50 ～ 100 毫克 / 千克对氨苯胂酸，可促进硒从胆汁排出。

④在治疗过程中，不要使用维生素 C，因其能减少硒的排泄。

⑤ 10% ～ 20% 硫代硫酸钠，0.5 毫升 / 千克，静脉注射，有助于减轻刺激症状。

（六）铜中毒

本病是由于给羊长期摄入过多铜盐而引起中毒的疾病。急性者以呕吐、流涎、剧烈腹痛腹泻为特征。慢性中毒则以瘤胃迟缓、粪少呈黑褐色、黏膜黄疸为特征。

【病　因】　在使用过含铜喷雾或土壤含铜量高的牧场放牧，饲料中添加铜盐过多，误食杀虫或杀灭蜗牛的铜制剂，均可引发本病。

【临床症状】　本病分为急性和慢性 2 种。急性中毒主要表现呕吐，流涎，剧烈腹痛、腹泻，心动过速，惊厥，麻痹和虚脱，最后死亡。粪便中含有黏液，呈深绿色。慢性病例则表现精神沉郁，厌食，黏膜黄疸，尿液中含有血红蛋白，粪便变黑。尸体剖检可见肝脏黄染，肾脏呈暗黑色。

【诊　断】　根据临床症状可作出初步诊断。进行胃内容物和粪便分析有助于本病的诊断，取胃内容物和粪便加入氨水，若由绿色变蓝色，则为阳性。

【防控技术】

（1）预防　防止用硫酸铜喷雾污染草料，药用硫酸铜制剂要严格掌握用量，使用铜饲料添加剂时，必须混合均匀，控制喂量。

（2）治疗　原则是消除致病因素，加速毒物的排除及解毒疗法。首先应把病羊置于安静处，更换饲料，加强护理。促进铜盐的排出，可用 0.1% 亚铁氰化钾溶液洗胃；也可灌服羊奶、蛋清、豆浆或活性炭等肠黏膜保护剂，以减少对铜盐的吸收。排除已吸收的铜盐，可应用乙二胺四乙酸二钠钙（每只每天 2～3 克，溶于 300 毫升生理盐水，静脉滴注）或二巯基丁二酸钠（每只每天 2～3 克，溶于 200 毫升生理盐水，静脉滴注）。慢性中毒者，可每只每天给予钼酸铵 50～100 毫克混饲。

（七）氟中毒

氟中毒是由于羊饲养于含氟量高的地区，长期摄取的氟化物超过生理需要量或因误食或误饮有机氟化物污染的饲料或饮水而引起的中毒病。

【临床症状】 病羊因采食量不同，所表现临床症状的严重程度也不同，摄取量大常呈急性经过，表现急性氟中毒症状；摄取量少呈慢性经过，表现慢性中毒症状。

急性中毒表现不反刍，不合群，尖叫，颤抖，呼吸促迫，角弓反张。慢性氟中毒病羊骨质变形，牙齿形成氟斑及磨损过度或不整，跛行，四肢运动障碍。

【病理变化】 急性死亡羊胃肠腐蚀严重，呈出血性胃肠炎病变，心脏扩张，心肌变性，心内外膜有出血斑点，脑软膜充血、出血，肝、肾淤血、肿大，尸僵迅速。慢性死亡的羊除牙齿的特殊变化外，以头骨、肋骨、桡骨、腕骨和掌骨变形显著。

【防控技术】

（1）预防 在含氟量高的地区，要打深机井，找到含氟量低的水层作饮用水。可从外地调运饲料，以避免本病发生。

平时要在饲料中适当增加钙、磷，用骨粉效果较好，能提高羊对氟的耐受性。

（2）治疗 中毒较深的，及时使用解氟灵（50% 乙酰胺），剂量为每天 0.1～0.3 克 / 千克体重，以 0.5% 普鲁卡因溶解，分

2～4 次肌内注射，首次注射为日量的 1/2，连续用药 3～7 天。若没有解氟灵，也可用乙二醇乙酸酯（醋精）100 毫升溶于 500 毫升水中，饮服或灌服。或用 5% 酒精和 5% 醋酸各 2 毫升／千克，内服。或用 0.05% 高锰酸钾洗胃，然后灌服鸡蛋清。进行强心补液、镇静、兴奋呼吸中枢等对症治疗，由于病畜心脏受损，静脉注射时必须十分缓慢。

慢性中毒治疗较困难，首先要停止摄入高氟牧草或饮水，移至安全牧区放牧是最经济有效的办法，并给予富含维生素（主要是维生素 A、维生素 D、维生素 C）的饲料及矿物质添加剂。修整牙齿。对跛行病畜，可静脉注射葡萄糖酸钙。